Taschenbuch für Schnitt- und Stanzwerkzeuge

Von

Dr.-Ing. **G. Oehler**

Mit zahlreichen Abbildungen, Literatur-Nachweisen, Konstruktions- und Berechnungsbeispielen

Zweite, verbesserte Auflage

Berlin
Verlag von Julius Springer
1938

ISBN-13: 978-3-642-98344-3 e-ISBN-13: 978-3-642-99156-1
DOI: 10.1007/978-3-642-99156-1

Softcover reprint of the hardcover 2nd edition 1938

Vorwort zur ersten Auflage.

Über die Konstruktion von Schnitt- und anderen Werkzeugen, welche unter Pressen bei der Warm- und Kaltbearbeitung von Metallen Verwendung finden, bestehen bereits eine größere Anzahl ziemlich umfassender Werke. An erster Stelle nenne ich die bekannten Bücher von Kurrein: „Werkzeuge und Arbeitsverfahren der Pressen", Kaczmarek: „Die moderne Stanzerei", Göhre: „Schnitte und Stanzen" und insbesondere für Ziehen Sellin: „Handbuch der Ziehtechnik". Ferner sind die Arbeiten des Ausschusses für Wirtschaftliche Fertigung beim Reichskuratorium für Wirtschaftlichkeit (AWF), welcher sich mit dem Gebiet der Stanzerei eingehend beschäftigt und über die Ergebnisse der Gemeinschaftsarbeit Normblätter herausgibt, von ganz besonderer Bedeutung für die künftige Entwicklung des Werkzeugbaues. Aber außer in Büchern finden wir auch in Zeitschriften wertvolle Hinweise über dieses oder jenes Einzelwerkzeug. Eine auch nur einigermaßen erschöpfende Behandlung dieses Stoffes und eine Sammlung sämtlicher in Frage kommender Beispiele hätte ein Werk von erheblichem Umfange bedungen. Es kam jedoch dem Verfasser dieses vorliegenden Werkchens darauf an, von jedem einzelnen Werkzeugtyp eine einzige Ausführung zu bringen und auf die einzelnen weiteren Gestaltungsmöglichkeiten nur hinzuweisen. Um jedoch demjenigen, der an der Fertigung irgendeines bestimmten Gegenstandes besonderes Interesse hat, die Möglichkeit zu geben, sich hierüber näher zu unterrichten, wurde auf eine weitgehende Quellenangabe Wert gelegt.

Der Charakter dieses Buches soll also der eines kleinen und knapp gefaßten Handbuches sein, welches alles Wesentliche enthält, was der Werkzeugkonstrukteur wissen muß.

Ein außerordentlich wichtiges Gebiet, dem leider die meisten Werkzeugkonstrukteure nicht die Beachtung schenken, die es verdient, ist die Werkstoffauswahl. Durch die innerhalb des Normenausschusses der deutschen Industrie geleistete Normungsarbeit sind in dieser Hinsicht gewiß manche Fortschritte zu verzeichnen, und auch der AWF befaßt sich eingehend mit dieser Frage. Trotzdem wird man unmöglich auf die Angaben der einzelnen Stahlwerkserzeugnisse verzichten dürfen und die jeweils geeignete Stahlmarke direkt nennen und empfehlen. Bei dem heutigen Stand der Edelstahlfabrikation werden die Stähle in ihrer Güte derartig fein abgestuft, daß es wohl kaum irgendeine Aufgabe in der Herstellung von Schnitt- und Stanzwerkzeugen gibt, für welche nicht ein ganz besonderer Stahl geeignet ist. Man hört hier und dort in der Praxis und findet auch in der Literatur oft den Standpunkt vertreten, daß beispielsweise für eine Blechdicke bis zu 0,2 mm Schnittplatten nicht gehärtet zu werden brauchen, während man sie bei größeren Blechstärken härten wird. Ebenso finden sich ähnliche Angaben für die Ausführung von Stempeln, Führungsplatten usw. Es ist ganz ausgeschlossen, mit derartigen einfachen Mitteln stets das Rechte zu treffen. Nicht allein die Stärke und auch die Härte des zu verarbeitenden Werkstoffes, sondern die Größe des Stempels, die Feinheit der auszuschneidenden Formen, die Schärfe einer Biegung und vor allen Dingen die Herstellungsmengen sind hierbei von ausschlaggebender Bedeutung. Es ist deshalb unerläßlich, im Rahmen eines derartigen Handbuches für die Praxis auf diese so wichtigen Punkte einzugehen. Deshalb finden sich im Anschluß an die Besprechung eines jeden Werkzeugtyps neben den Werkzeugblättern besondere Angaben für die Auswahl des Werkstoffes. Allgemeine Gesichtspunkte hierfür sind unter Abschnitt E zusammengefaßt, und es wird unter den Besprechungen der Werkzeugblätter auf die jeweilig gültige Tabelle dieses Abschnittes verwiesen. Der Verfasser fand in seiner Stellung als Leiter einer größeren Werkzeugmacherei und eines Werkzeugkonstruktionsbüros weitgehende Gelegenheit, sich mit der Auswahl der Stähle der Firma Gebrüder Böhler zu beschäftigen und die Güte der Stähle für die einzelnen Sonderzwecke zu prüfen. Es erscheint daher als das Gegebene, diese Erfahrungen hier niederzulegen und die geeignetste Böhler-Stahlmarke anzuführen.

Im Anschluß hieran sind nicht nur Hinweise über die Behandlung des Stahles, insbesondere das Härten, sondern vor allen Dingen auch über die Prüfung des Werkstoffes gegeben. Da bei der Herstellung der Ziehwerkzeuge die Güte des zu verarbeitenden Werkstoffes sehr wichtig ist, wurde nicht nur die Prüfung des für die Werkzeuge zu verwendenden Werkstoffes, sondern auch die Auswahl des Bleches selbst besonders eingehend behandelt.

Das vorliegende Taschenbuch soll ein Ratgeber sein sowohl für das Werkzeugkonstruktionsbüro als auch für den Werkzeugbau unter besonderer Berücksichtigung der Auswahl des geeigneten Werkstoffes und seiner richtigen Behandlung.

Der Verfasser dankt an dieser Stelle ganz besonders Herren Dr.-Ing. Rapatz und Dr.-Ing. Pollack für ihre wertvolle Mitarbeit.

Dresden, im September 1933.

Gerhard Oehler.

Vorwort zur zweiten Auflage.

Die rasche Verbreitung des Taschenbuches hat eine Neuauflage innerhalb kurzer Zeit erforderlich gemacht. Bei der Neubearbeitung wurde besonderer Wert auf die Ergänzung der Literaturhinweise unter Berücksichtigung des neueren Schrifttums gelegt. Grundsätzlich neu wurde Hauptabschnitt E gestaltet. Außer den Stählen der Fa. Böhler fanden auch diejenigen der Deutschen Edelstahlwerke AG. und der Krupp AG. Aufnahme, so daß ein sehr großer Kreis von Schnitt- und Stanzwerkzeugherstellern die von ihm verwendeten Stähle hier wiederfindet.

Dresden, im Februar 1938.

Gerhard Oehler.

Inhaltsverzeichnis.

A. Konstruktionsrichtlinien für Schnitte.

1. Grundplatten und Stempelaufnahmezapfen.

Die Grundplatten für die Werkzeugunterteile bemesse man nicht zu knapp! An sämtlichen Seiten der Werkzeuge soll die Grundplatte mindestens 30 mm überstehen, um Spannklauen aufzulegen oder Schlitze für Befestigungsschrauben nachträglich einzufräsen. Die Stärke der Grundplatte richtet sich nach der Größe des Werkzeuges und seiner Beanspruchung. Bei mittleren Schnitten genügt etwa eine Plattenstärke von 22 mm. Die Bemessung der Grundplatte sowie der Schnittkästen ganz allgemein unterliegt AWF-Normblatt 5904. Die Stempelaufnahmezapfen sind gleichfalls genormt[1]), und zwar unter AWF-Normblatt 5901. Der Zapfendurchmesser und die Zapfenlänge nach DIN 810 sind in folgender Tabelle I zusammengestellt.

Tabelle I. Abmaße von Einspannzapfen[2]).

Zapfendurchmesser mm	8	10	12	16	20	25	32	40	50	65	(80)
Zapfenlänge . . . mm	22	25	28	32	40	45	56	72	80	100	125

Es bestehen die verschiedensten Befestigungsarten für Einspannzapfen. Meist findet man den Aufnahmebolzen mit der Stempelkopfplatte ohne eine Sicherung gegen selbsttätiges Lösen verschraubt — wie dies die Werkzeugblätter 8 und 16 zeigen —, bestenfalls ist das Gewinde zwischen Stempelkopf und Stempelzapfen angebohrt zur Aufnahme einer Madenschraube als Sicherheit gegen Drehung. Ein Beispiel hierzu geben Werkzeugblatt 4 und 7 an. Diese Arten der Befestigung sind jedenfalls unzureichend.

Gemäß AWF werden Einspannzapfen mit Gewinde in Mitte des Zapfens angebohrt und aufgerieben zur Aufnahme eines einzuschlagenden konischen Stiftes oder Kerbstiftes gemäß Werkzeugblatt 3, 5, 6, 11 und 14. Nach Erfahrungen der Werkstatt soll sich diese Sicherung jedoch nicht bewährt haben. Eine andere von AWF vorgeschlagene Stempelzapfenbefestigung ist derart ausgebildet, daß der Stempelzapfen an seinem unteren Teile mit einem Bund versehen ist, für den eine entsprechende Aussparung im Stempelkopf ausgedreht wird. Eine Sicherung gegen Drehung ist in diesem Falle unnötig. Werkzeugblatt 17 zeigt ein Ausführungsbeispiel. Eine andere, gleichfalls vom AWF genormte Bauart ist in den Werkzeugblättern 9, 19, 22 und 24 dargestellt. Der Zapfen trägt hier gleichfalls einen Bund, jedoch

[1]) Für die Normung der Werkzeuge des Schnittbaues sind die vom Stanzereiausschuß des AWF geschaffenen Normen anzuwenden. Außer der vom AWF (Ausschuß für wirtschaftliche Fertigung) herausgegebenen Literatur verdienen folgende Aufsätze Beachtung: Peterhans: Vorteile der Vereinheitlichung beim Schnitt- und Stanzenbau. Masch.-Bau 1931 Heft 4 S. 119. — Göhre: Normung im Schnittwerkzeugbau. Masch.-Bau 1932 Heft 23 S. 490.

[2]) Entnommen aus DIN 810. Dort finden sich weitere Maße für die Anordnung der Spannschraubenkehle und der Kopfabschrägung.

über dem Gewinde. Nach dem Verschrauben des Einspannzapfens mit dem Oberteil werden Bund und Oberteil durchbohrt und mittels eines eingeschlagenen Stiftes gegen Drehung gesichert. Eine weitere genormte Verbindung zwischen Stempelkopf und Einspannzapfen kann durch Nieten hergestellt werden, wie dies unter Werkzeugblatt 12 und 15 angegeben ist. Für Stempeloberplatten — sog. Stempelköpfe nach Normbezeichnung —, welche besonders stark auf Stoß beansprucht werden, ist diese an sich billige Ausführung allerdings ungünstig. Reine Nietverbindungen sind grundsätzlich nur für kleinere Werkzeuge und leichtere Arbeiten geeignet. Bei kleineren Werkzeugen kann der Zapfen an das Stempeloberteil mit angedreht werden. Zuweilen werden sogar Einspannzapfen, Stempelanlage und der Stempel selbst aus einem Stück gefertigt. Zu beachten ist hierbei, daß man ein scharfkantiges Absetzen vermeidet und zwischen Einspannzapfen und Stempel einen Bund als Anlage vorsieht, wie dies die Werkzeugblätter 1, 13 und 18 zeigen. Am Fuße des Zapfens ist in den Bund eine ringförmige Nute einzustechen.

Die Anordnung des Aufnahmezapfens geschieht zweckmäßig im Schwerpunkt der auftretenden Kräfte. Für die Feststellung desselben ist hierbei nicht maßgebend der Schwerpunkt einer oder mehrerer Flächen von Teilen, welche aus dem Werkstoff herausgeschnitten werden, sondern allein der Schwerpunkt der Schnittlinien. Bei einem Schnitt mit verschiedenen Stempeln wird man zunächst die Schwerpunkte der verschiedenen Schnittlinien ermitteln, um dann den Gesamtschwerpunkt für sämtliche Schnittlinien endgültig bestimmen zu können. Zu diesem Zweck wird man in einem beliebig gewählten Punkt ein rechtwinkliges XY-Koordinatensystem errichten, in der Horizontalen — also parallel zur X-Achse — die einzelnen Schwerpunktsabstände x_1, x_2, x_3 usw. herausziehen und senkrecht hierzu die Y-Ordinaten y_1, y_2, y_3 usw. Nun wird man die zugehörigen Flächenumfänge bzw. Schnittlinien mit den ihnen entsprechenden x-Ordinaten multiplizieren, diese dann addieren und durch die Summe der Umfänge U_m, U_n, U_o dividieren.

$$x_S = \frac{x_1 \cdot U_m + x_2 \cdot U_n + x_3 \cdot U_o + \cdots}{U_m + U_n + U_o + \cdots}. \tag{1}$$

Das Entsprechende geschieht mit den y-Ordinaten, wobei jedoch die Reihenfolge U_m, U_n, U_o nicht immer eingehalten werden darf, es kommt vielmehr lediglich auf die der jeweiligen y-Ordinate zugeordneten Linie an:

$$y_S = \frac{y_1 \cdot U_a + y_2 \cdot U_b + y_3 \cdot U_c + \cdots}{U_a + U_b + U_c + \cdots}. \tag{2}$$

Durch die beiden Ordinaten x_S und y_S ist der Schwerpunkt S einwandfrei bestimmt.

Diese Verhältnisse lassen sich am besten an einem Beispiel erklären. Es handle sich zwecks Anordnung des Stempeleinspannzapfens darum, für die in der Abb. 1 angegebene Schnittplatte den Schwerpunkt S zu bestimmen. Die Schnittplatte ist gedacht für einen rechteckigen Führungsschnitt mit 2 Vorlochern, von denen der eine kreisförmig, der andere quadratisch ist. Außerdem sind 2 Seitenschneider vorgesehen.

Während für die Stempelschnittlinien der Umfänge U_3, U_6 und U_7 die Schwerpunkte der Schnittlinien mit den Flächenschwerpunkten identisch sind, können bei den Seitenschneidern nur die anschraffierten Linien als

Schnittlinien bewertet werden, so daß dort nicht der Mittelpunkt des Rechtecks Schwerpunkt ist, sondern die Schwerpunkte der rechtwinklig

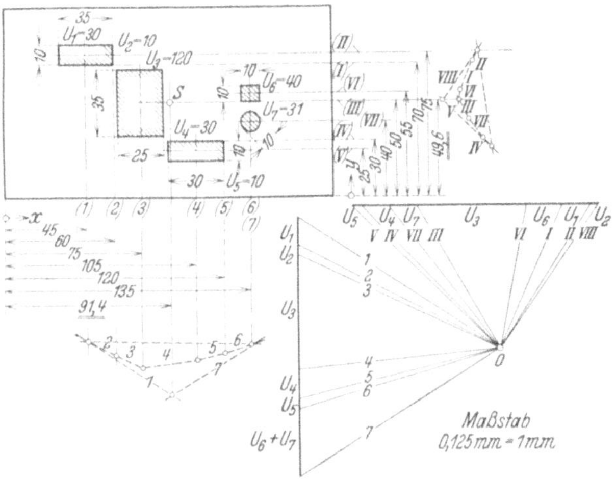

Abb. 1. Graphische Ermittlung des Linienschwerpunktes S an einer Schnittplatte.

zueinander stehenden Linien getrennt behandelt werden müssen. Es ergeben sich sonach für x_S und y_S folgende Beziehungen:

$$x_S = \frac{x_1 \cdot U_1 + x_2 \cdot U_2 + x_3 \cdot U_3 + x_4 \cdot U_4 + x_5 \cdot U_5 + x_6 \cdot (U_6 + U_7)}{U_1 + U_2 + U_3 + U_4 + U_5 + U_6 + U_7}$$

$$= \frac{30 \cdot 45 + 10 \cdot 60 + 120 \cdot 75 + 30 \cdot 105 + 10 \cdot 120 + 71 \cdot 135}{30 + 10 + 120 + 30 + 10 + 71} = \frac{24\,750}{271} = 91{,}4,$$

$$y_S = \frac{y_1 \cdot U_5 + y_2 \cdot U_4 + y_3 \cdot U_7 + y_4 \cdot U_3 + y_5 \cdot U_6 + y_6 \cdot U_1 + y_7 \cdot U_2}{U_1 + U_2 + U_3 + U_4 + U_5 + U_6 + U_7}$$

$$= \frac{10 \cdot 25 + 30 \cdot 30 + 31 \cdot 40 + 120 \cdot 50 + 40 \cdot 55 + 30 \cdot 70 + 10 \cdot 75}{271} = \frac{13440}{271} = 49{,}6.$$

Kaczmarek[1]) zeigt ein graphisches Verfahren nach den bekannten Gesetzen des Seilecks für das statische Moment paralleler Kräfte. Da die Resultante paralleler Kräfte der algebraischen Summe der Einzelkräfte entspricht, erhält man ihren Angriffspunkt als Schnittpunkt der äußersten Strahlen eines Seilecks, das man in folgender Weise konstruiert:

Zunächst wähle man einen beliebigen Punkt O als Pol und trage in einem beliebigen Abstand von O auf einer Geraden die parallel wirkenden Kräfte der Reihenfolge nach auf. Um gute Schnittpunkte zu erhalten, empfiehlt es sich, die Anordnung so zu treffen, daß sich die äußersten Seilstrahlen

[1]) Siehe Kaczmarek: Die moderne Stanzerei (Berlin 1929) S. 51—55. Dort werden auch noch weitere Beispiele für die Schwerpunktsermittlung von Schnitten gezeigt. — Siehe ferner Beister: Schwerpunktsbestimmung von Schnitten. Werkst.-Techn. 1928 Heft 1 S. 8 Abb. 10.

etwa im rechten Winkel schneiden. Als Parallelkräfte wirken hier die Längen der Schnittlinien, die man zur Bestimmung der x_s-Ordinate in der Reihenfolge U_1, U_2, U_3, U_4, U_5 und $(U_6 + U_7)$ senkrecht zur X-Achse aufträgt. Die Seilstrahlen *1, 2, 3, 4, 5, 6* und *7* als Verbindungslinien von O zu den aneinandergereihten Schnittlinienumfängen werden nun parallel übertragen und mit den jeweiligen Schwerpunktslinien zum Schnitt gebracht, also zunächst Seilstrahlen *1* mit Schwerpunktslinie (*1*), im gleichen Schnittpunkt wird Seilstrahl *2* parallel durchgeführt, welcher mit der Schwerpunktslinie (*2*) zum Schnitt gebracht wird. Auf diese Weise reiht sich ein Seilstrahl nach dem anderen zu einem gemeinsamen Seileck, bis schließlich die Parallele zum Seilstrahl *6* die letzte Schwerpunktslinie (*6, 7*) geschnitten hat. Durch diesen Punkt ist dann die Parallele zum letzten Seilstrahl *7* zu führen, welcher mit der Parallele zu Seilstrahl *1* zum Schnitt gebracht den Abstand $x_s = 91{,}4$ mm bestimmt. In gleicher Weise ergibt sich das Seileck für die y-Ordinate. Es ist hierbei besonders auf die Reihenfolge der Umfänge U zu achten.

Nicht immer bedarf es einer so peinlichen Bestimmung des Schwerpunktes durch Rechnung bzw. graphische Ermittlung, es genügt in den meisten Fällen ein Abschätzen der Schwerpunktslage. Nur bei sehr sperrigen Werkzeugen unter äußerster Ausnutzung der Maschine empfiehlt sich ein derartiges Verfahren.

2. Stempelkopf, Kopfplatte und Stempel.

Die Stempeloberteile, der sog. Stempelkopf, bestehen außer dem Einspannzapfen aus der Stempelkopfplatte und der Stempelhalteplatte. Kleine Stempel, die besonders hoher Druckbeanspruchung unterliegen, arbeiten sich an ihrem oberen Teile in den Stempelkopf mit der Zeit leicht ein, so daß die Stempel locker werden. Für derartige Werkzeuge sieht man zwischen Stempelkopfplatte und Stempelhalteplatte eine sog. Stempeldruckplatte vor, welche etwa 4–6 mm stark ist und aus planparallel geschliffenem blauhartem Gußstahlblech besteht. Durch die Wahl einer naturharten Stempelkopfplatte wird man sich diese Zwischenplatte – die sog. Auflage – meist ersparen können. Die Verbindung sämtlicher Platten miteinander geschieht durch Zylinderkopfschrauben, welche von oben eingesetzt werden. Für die Stempelaufnahmeplatte selbst wähle man ein nicht zu hartes Material, z. B. St 42 · 11 DIN 1611.

Die Schnittstempel werden in der Kopfplatte fast ausnahmslos dadurch gehalten[1]), daß man sie an ihrer oberen Befestigungsstelle nach Art einer Nietung anstaucht[2]). Dieser umgeschlagene Grat muß gleichmäßig an den entsprechenden Aussparungen der Kopfplatte gut anliegen und soll bei größeren Stempeln etwa 2 mm, bei kleineren nicht unter 1 mm breit sein.

Schnittstempel werden stets gehärtet. Die Stempel selbst sind den jeweiligen Zwecken und Formen entsprechend verschieden zu gestalten. Am bekanntesten ist der rechtwinklig plan geschliffene Stempel gemäß Abb. 2, A. Diese Art der Anfertigung ist am billigsten und wird für Bleche bis zu 1 mm Stärke fast ausschließlich angewandt. Größere Stempel

[1]) In der Werkst.-Techn. 1929 Heft 24 S. 708 ist eine interessante Befestigungsart von Stempeln angegeben. Dieselben können dort ohne Demontage der Kopfplatte durch einen einzigen Handgriff ausgetauscht werden.

[2]) Ein Werkzeug hierzu ist von Kurrein in dessen Buch: Werkzeuge und Arbeitsverfahren der Pressen (Berlin 1926) auf S. 106 angegeben.

schleift man gern hohl (Abb. 2, B), zumal hierdurch der Schnitt sauberer ausfällt. Ein Hohlschleifen über die gesamte Stempelschnittfläche ist nur bei sehr schwachem Material statthaft. Bei stärkerem Werkstoff darf der Hohlschliff nicht bis ganz an die Schnittkante heranreichen. Das Hohlschleifen darf nicht zur Erweichung des Stempels führen. Aus diesem Grunde ist eine entsprechende Ausarbeitung vor dem Härten einer nachträglichen Schleifarbeit vorzuziehen. Sind mehrere Stempel im Schnitt vorhanden, so wird man ihre Längen nicht gleich groß, sondern etwas verschieden wählen, damit nicht sämtliche Stempel gleichzeitig anschneiden. Hierdurch wird die Beanspruchung der Schnittplatte und der Maschine etwas herabgesetzt. Bei großen Stempeln erzielt man eine weitere Minderung des Stempeldruckes dadurch, indem man die Schnittflächen der Stempel schräg anschleift[1]), wie dies Ausführung C zeigt, oder leicht einkerbt gemäß Ausführung D. Der Winkel α ist im Falle C und D nicht größer als 4° zu wählen[2]). Die Ausführung C weist den Vorteil einer leichteren Herstellung auf. Der Stempel muß jedoch einer seitlichen Schubkraft Widerstand bieten im Gegensatz zur Ausführung D, wo dies nicht berücksichtigt zu werden braucht. Die Ausführung E findet nur in der Schmiede oder für sehr grobe Kaltlocharbeiten[3]) Anwendung. Oft werden inmitten der Schnittfläche derartiger Stempel für die Warmbearbeitung kleine Kegelansätze zur besseren Zentrierung vorgesehen, welche leicht beschädigt werden und daher auf die Dauer ihren Zweck nicht erfüllen können[4]).

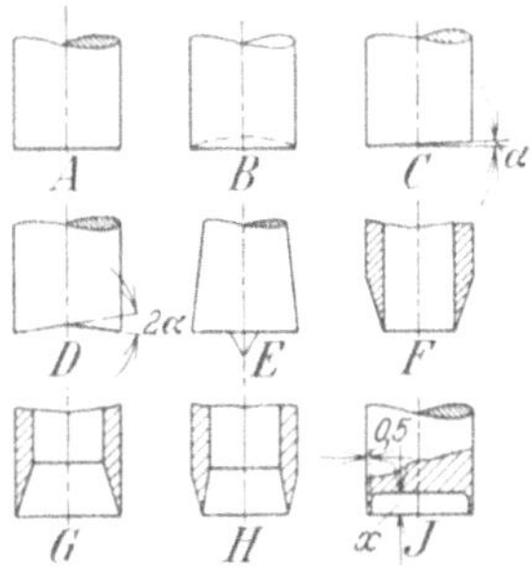

Abb. 2. Verschiedene Ausführungen der Schnittflächen an Stempeln.

Für sehr schwache Werkstoffe und bestimmte Nichtmetalle verwendet man die sog. Messerschnitte. Das sind Werkzeuge, welche nur einseitig als Schnittwerkzeuge arbeiten, ein Gegenschnitt ist dort nicht erforderlich. In Werkzeugblatt 16 und in den Abb. 13 und 14 zu Abschnitt B 16 sind derartige Beispiele dargestellt und werden dort eingehend behandelt. Die Schnittstempelform nach Ausführung F eignet sich zur Herstellung ringförmiger Scheiben. Stempel gemäß Ausführung G werden nur zum Lochen verwendet. Hierbei gilt die Regel, daß die schräge Anschnittseite stets an der Abfallseite liegen muß. Mit Stanzwerkzeugen, wie sie für die Metallverarbeitung nach Ausführung A benutzt werden, lassen sich Löcher mit einigermaßen glatten Rändern in Hartfiber bis zu 6 mm stanzen, bei stärkerem Werkstoff werden Stempelformen nach Form F bzw. G bevorzugt, wobei der Schneidenwinkel bis zu 45° beträgt[5]). Bei Ausführung H sind

[1]) Siehe in Übereinstimmung hierzu den Aufsatz im Masch.-Bau 1925 Heft 1 S. 14 über die Kaltbearbeitung durch Schneiden und Lochen an dicken Eisenblechen.

[2]) In der Werkst.-Techn. 1927 Heft 18 S. 530 Abb. 1—11 ist ein neuartiger Scherenschliff an Stanzwerkzeugen angegeben.

[3]) In dem Aufsatz von Kühn: Der Verwendungsbereich von Stanzarbeiten (Masch.-Bau 1923/24 Heft 14 S. 481) sind einige Werkzeuge dieser Art zur Herstellung von Blattfedern angegeben.

[4]) Gemäß Werkst.-Techn. 1928 Heft 4 S. 105 soll sich eine ganz ungewöhnliche Form, und zwar eine flache Zuspitzung der Stempel für sehr starke Bleche bewährt haben. Leider fehlen dort Gegenüberstellungen mit gewöhnlichen Schnittstempeln in bezug auf die Werkzeugbeanspruchung.

[5]) Über das Stanzen von Hartfiberplatten siehe Werkst.-Techn. 1934 Heft 22 S. 450.

allerdings beide Seiten, außen und innen, schräg geschliffen. Man wählt diese Ausführung zum Ausschneiden feiner Papierdichtungen. Eine Zwischenstufe zwischen den üblichen Schnitten und den Messerschnitten zeigt schließlich Ausführung J, welche sich zum Schneiden von dünnen Membranen und Metallfolien gut eignen soll[1]). Am Stempel steht ein etwa 0,5 mm starker Rand vor, die Tiefe der zylindrischen Einarbeitung beträgt etwa 5 mm.

Es empfiehlt sich, bei komplizierten Schnittstempeln dieselben mehrteilig anzufertigen. In diesem Falle ist auf einen guten Sitz der Stempel in der Stempelhalteplatte und Stempelführungsplatte besonderer Wert zu legen.

Die Zusammensetzung von Schnittstempeln hat gegenüber der aus einem einzigen Stück ausgeführten Stempelform den Vorteil, daß die Stempel sich einmal leichter herstellen und leichter schleifen lassen, und vor allen Dingen, daß bei Ausbrechen einer bestimmten Stempelkante nur das jeweilige Teil ausgewechselt und ersetzt wird. Es ist natürlich wichtig, daß man auf die Form derartiger Werkstücke von vornherein Rücksicht nimmt und das Konstruktionsbüro in diesem Sinne zu beeinflussen sucht.

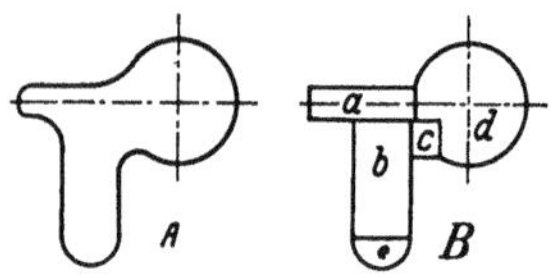

Abb. 3. Einteilig und mehrteilig ausgeführte Schnittstempel.

Abb. 3, A zeigt als Beispiel[2]) eine vom Konstrukteur ausgebildete Schnittform, für die man wohl einen aus einem Stück hergestellten Stempel vorsieht, doch wird man aus wirtschaftlichen Gründen die aus den 5 Teilen *a*, *b*, *c*, *d* und *e* zusammengesetzte Form nach Abb. 3, B vorziehen. Dies bedingt natürlich einen Verzicht auf verschiedene Abrundungen[3]).

Bei derartig zusammengestellten Stempeln ist es wichtig, daß die Stempelführungsplatte besonders sorgfältig bearbeitet wird, damit sie den Stempel allseitig dicht umschließt. Die Stempelaufnahmeplatte ist in diesem Falle doppelt so stark als üblich auszuführen, also etwa in einer Stärke zwischen 30 und 40 mm.

3. Seitliche Stempelführung durch Keilstempel.

Sowohl bei manchen Schnitten, z. B. solche für gezogene Teile, als auch bei Biegewerkzeugen kann es wirtschaftlich sein, verschiedene Stempel in verschiedener Richtung gleichzeitig wirken zu lassen, wie dies Werkzeugblatt 14 zeigt. Die Übertragung der Kraft auf die Seitenstempel geschieht entweder über Kurven oder über Keile, welche am Oberteil befestigt sind. In der Abb. 4 sind einige der gebräuchlichen Bauarten dargestellt.

Ausführungsform I zeigt die einfachste Lösung, welche auch im Werkzeugblatt 23 angegeben ist. Ein Keil, dessen Neigungsfläche mit der Horizontalen einen Winkel von etwa 60° einschließt, trifft die unter gleicher Neigung liegende hintere Fläche des seitlich wirkenden Stempelschiebers,

[1]) Hierüber berichtet Kurrein in der Werkst.-Techn. 1925 Heft 3 S. 97.

[2]) Weitere sehr anschauliche Beispiele zeigt Kurrein in seinem Buche: Werkzeuge und Arbeitsverfahren der Pressen (Berlin 1926) S. 136 Abb. 130—134.

[3]) Für die Herstellung von Schnitteilen auf Sonder-Kopierfräsmaschinen treffen diese Ausführungen allerdings nicht zu. Dort muß eine möglichst starke Abrundung empfohlen werden, damit man für eine gut spanende Ausfräsung nicht zu schwache Fräser und Kopierstifte verwenden braucht.

der sich unter dem Federdruck F in seiner äußeren Ruhestellung befindet. Der Maximalhub a ist abhängig von der Größe des gesamten Stempelhubes. Bei der Konstruktion eines derartigen Werkzeuges empfiehlt es sich, dasselbe zunächst für einen möglichst großen Stößelhub auszubilden, um auf diese Art und Weise einen nicht zu großen Neigungswinkel α zu ermöglichen. Andererseits muß die praktisch auszunutzende Hubhöhe der vorliegenden Maschine berücksichtigt werden.

Eine andere Bauart zeigt Ausführung II, nur ist die drückende Fläche kein flacher Keil, sondern ein Kegel. Die Ausführung der hinteren Druckfläche der Seitenstempel muß sich dieser Form anpassen. Die an sich verbreitete Ausführung nach II ist deshalb teurer als die unter I, ohne gegenüber jener Vorteile aufzuweisen.

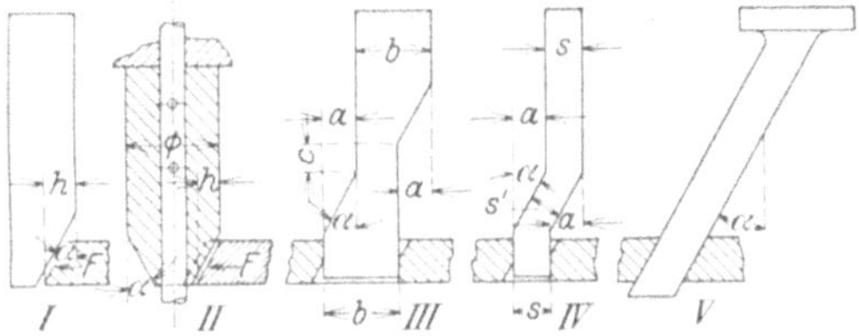

Abb. 4. Kurvenstücke zur Steuerung seitlich wirkender Stempel.

Die in der Herstellung billige kraftschlüssige Steuerung der Seitenstempel mittels keilförmiger Druckstücke ersetzt man häufig unter Fortlassung der nicht immer zuverlässig wirkenden Rückzugsfeder durch eine formschlüssige. Der Seitenschieber ist mit einer Aussparung für die Kurve vorgesehen, wie dies unter III gezeigt wird. Der in der Abb. 4 mit a bezeichnete Hub erfolgt zeitlich derart, daß innerhalb des ersten Teiles des Stempelniederganges der Seitenstempel noch in seiner äußeren Stellung verharrt. Inzwischen können die mittleren vertikalen Stempel des Werkzeuges ihren Arbeitsgang bereits vollziehen. Nachdem dies erfolgt ist, wird der obere Teil der keilförmigen Kurve den Seitenstempel vorschieben. Beim Hochgehen des Oberteiles werden innerhalb der ersten Periode die Seitenstempel in ihrer inneren Stellung verharren und erst im letzten Teil der Aufwärtsbewegung nach außen gezogen. Dies kann für Biegestanzen insofern erwünscht sein, als eine allzu kurze Einwirkung des Seitenstempeldruckes auf das Werkstück zu seiner völligen Verformung nicht ganz ausreicht. Für Schnittwerkzeuge ist diese Bewegungsfolge dann günstig, wenn die geschnittenen Teile am senkrecht wirkenden Stempel haften bleiben und hochgezogen werden. In diesem Falle dienen die Seitenstempel gleichzeitig als Abstreifer. Soll jedoch der Seitenschnitt nur im letzten Augenblick des Stempelniederganges erfolgen und müssen die Seitenstempel innerhalb der ersten Periode des Stempelaufwärtsganges wieder zurückgezogen werden, so empfiehlt sich eine Formgebung des Steuerungsstempels gemäß Ausführung IV. Eine sehr einfache Ausführung zeigt schließlich V. Der Steuerstempel drückt dort mit seiner vollen Fläche auf die Führungen im Seitenstempel. Zur Vermeidung von Bruch dürfen die unteren Enden der Steuerstempel niemals über die Oberfläche der Seitenschieber heraustreten.

Den Neigungswinkel α wähle man überall nicht größer als 30°, nur in äußersten Fällen 45°, wo der Seitenschieber im Verhältnis zum auszunützenden größten Stempelhub über eine längere Strecke gleiten muß. Je kleiner α ist, um so geringer wirkt der Normaldruck auf die Seitenschieberflächen und um so dauerhafter ist das Werkzeug.

4. Scherbeanspruchung des Werkstoffes.

Für die Scher- bezüglich Schubfestigkeit liegen zahlreiche Versuchsergebnisse vor. Allgemein wird die Scherfestigkeit K_s zu 80% der Zerreißfestigkeit K_z angenommen[1]). Versuche von C. von Bach[2]) haben jedoch ergeben, daß die Scherfestigkeit wesentlich höher liegt. Die Untersuchungen von Martens[3]), welche über den Verlauf des Schnittdruckes während des Hubes der Maschine Aufschluß geben und außer dem Höchstdruck auch die Dehnung berücksichtigen, zeitigten Werte, die mit denen von Wawrziniok[4]) ziemlich übereinstimmen.

Unter Bezugnahme auf diese Untersuchungsergebnisse und auf Grund eigener Versuche wurde vorliegende Tabelle II zusammengestellt.

Tabelle II. Scherfestigkeit verschiedener Werkstoffe.

Werkstoff	Scherfestigkeit K_s in kg/cm²	Werkstoff	Scherfestigkeit K_s in kg/cm²
Messingblech	2600—3000	Aluminiumblech . .	900—1000
Kupferblech.	1700—2000	Zinkblech	1500—2000
Bronzeblech.	2200—2500	Blei	300
Weiches Stahlblech (Stanzblech) . . .	2200—2600	Leder (bis zu 2 mm)[5])	150
Stahlblech, federhart.	7000—9000	Papier und Karton (bis zu 2 mm)[5]) . .	120

Die bekannte Gleichung zur Ermittlung der Scherbeanspruchung lautet:

$$K_s = \frac{P}{L \cdot s}. \tag{3}$$

Hierin bedeuten P den Schnittdruck, s die Werkstoffstärke und L die Gesamtlänge der Schnittkanten.

Beispiel: Es ist ein Mehrfachschnitt für 4 mm starke Scheiben aus Messingblech herzustellen, der gleichzeitig 3 fertige Scheiben ausschneidet. Die Scheiben haben eine Bohrung von 5 mm und einen Außendurchmesser von 15 mm. Kann man das Werkzeug auf einer in der Werkstatt befindlichen Exzenterpresse aufspannen, welche einen Maximaldruck von 20 t noch zuläßt?

Aus der Tabelle II entnehmen wir für Messingblech den Höchstwert von 3000 kg/cm². Für die kleineren Vorlochstempel ergibt sich pro Stempel ein Schnittdruck von:

$$P_1 = 3000 \cdot 0{,}4 \cdot 0{,}5 \cdot \pi = 1890 \text{ kg}$$

und für die Ausschneidestempel von 50 mm Durchmesser ein Schnittdruck pro Stempel von:

$$P_2 = 3000 \cdot 0{,}4 \cdot 1{,}5 \cdot \pi = 5670 \text{ kg}.$$

Wenn man auch zur Herabsetzung der Beanspruchung der Schnittplatte die einzelnen Stempellängen etwas verschieden ausführt, so darf man dies bei der Berechnung des zulässigen Stößeldruckes nicht berücksichtigen. Dieser Druck beträgt in diesem Falle:

3 Vorlochstempel	5670 kg
3 Ausschneidestempel . . .	17010 „
Insgesamt	22680 kg.

[1]) Siehe Dubbel: Taschenbuch für den Maschinenbau, 2. Aufl., S. 404.
[2]) Siehe C. v. Bach: Elastizität und Festigkeit (Berlin, 6. Aufl.), S. 361 ff.
[3]) Siehe Martens: Materialienkunde, S. 158 Abb. 166.
[4]) Wawrziniok: Handbuch des Materialprüfungswesens (Berlin 1923) S. 145.
[5]) Für die Werkstoffe Leder und Papier gelten bei größeren Stärken erheblich höhere Werte.

Hieraus ergibt sich, daß die Beanspruchung der Maschine unter Verwendung dieses Werkzeuges höher als zulässig ist. Wenn auch bei Anwendung verschieden langer Stempel die Beanspruchung herabgesetzt wird, so darf aus Gründen der Sicherheit hierfür kein Abzug in Rechnung gestellt werden.

5. Knickfestigkeit der Stempel.

Gut gehärtete Werkzeuge und scharfe Schnittkanten gewährleisten nicht allein einen sauberen Schnitt, sondern auch eine verhältnismäßig geringere Stempelbeanspruchung als abgestumpfte Werkzeuge, deren Stempeldruck bis auf das $1^1/_2$fache ansteigt[1]).

Für ungeführte Stempel sind möglichst Säulengestelle vorzusehen. Aber auch dort und in Führungsschnitten ist die Stempellänge begrenzt, besonders dort, wo die Stempel schwach und die zu verarbeitenden Bleche stark sind. Der Stempeldurchmesser soll die Werkstoffstärke möglichst nicht unterschreiten. In der Tabelle III sind die höchstzulässigen freien Stempellängen l in Abhängigkeit von der Art des zu lochenden Werkstoffes, der Werkstoffstärke s und des Stempeldurchmessers d angegeben. Aus der dort angegebenen Zeichnung geht hervor, daß schwache Stempel in besonderen Stempelschutzhülsen gefaßt werden, über deren konstruktive Bauart sich unter Werkzeugblatt 3 Abschnitt B 4 noch nähere Angaben befinden.

Soll z. B. 2 mm starkes Messingblech auf 3 mm Durchmesser gelocht werden, so dürfen gemäß Tabelle III die Stempel nicht weiter als 55 mm über der Kopfplatte bezüglich Stempelhalteplatte vorstehen. Für ungeführte Stempel in Freischnitten wird man von der Länge l einen Abzug von etwa 25 % vornehmen müssen.

Die Knicklast P_k ergibt sich für den ungeführten Stempel zu:

$$P_k = \frac{\pi^2 \cdot E \cdot J}{l^2} \tag{4}$$

und für den in der Führungsplatte geführten Stempel zu

$$P_k = \frac{2\pi^2 \cdot E \cdot J}{l^2}. \tag{5}$$

Unter E wird der Elastizitätskoeffizient verstanden, der für Werkzeugstahl mit 2150000 kg/cm² in Rechnung gestellt wird. Das äquatoriale Trägheitsmoment J in cm⁴ richtet sich nach dem Stempelquerschnitt. Es beträgt für:

a) den vollen kreisförmigen Querschnitt vom Durchmesser d:

$$J = \frac{\pi \cdot d^4}{64}; \tag{6}$$

b) den ringförmigen Querschnitt vom Außendurchmesser d_1 und Innendurchmesser d_2:

$$J = \frac{\pi}{64}(d_1^4 - d_2^4); \tag{7}$$

c) den quadratischen Querschnitt von der Seitenlänge a:

$$J = \frac{a^4}{12}; \tag{8}$$

---

[1]) Siehe Brearley-Schäfer: Die Werkzeugstähle und ihre Warmbehandlung, 3. Aufl. Berlin 1922. Dort werden auf S. 86 Abb. 77 Längsverzerrungen auf der Oberfläche von weichem Stahl, bedingt durch die Bearbeitung mittels stumpfer Werkzeuge, dargestellt.

Tabelle III. Freie Stempellänge *l* in mm für runde Stempel in Führungsschnitten.

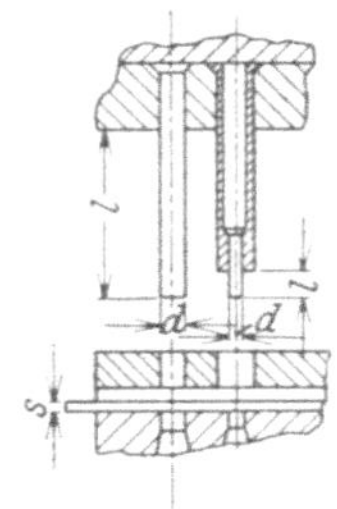

Werkstoff	Werkstoffstärke *s* in mm													
Aluminiumblech	0,5	1,0	1,2	1,5	2,0	2,5	3,0	3,7	4,0	4,5	5,0			
Kupferblech, Zinkblech	0,3	0,5	0,6	0,8	1,0	1,2	1,5	1,8	2,0	2,2	2,5	3,0		
Weiches Stahlblech (Stanzblech), Bronzeblech	0,2	0,4	0,5	0,8	0,8	1,0	1,2	1,5	1,6	1,8	2,0	2,4	3,0	
Messingblech	0,2	0,3	0,4	0,5	0,6	0,8	1,0	1,2	1,3	1,5	1,7	2,0	2,5	3,0
Stempeldurchmesser *d* in mm	**Höchstzulässige freie Stempellänge *l* in mm**													
0,5	13	9	8	6	5	Die Stempel sind für diese Blechstärken als zu schwach ungeeignet								
1,0	35	25	22	20	18	16	15	14	13	(12)	(11)	(10)	(9)	(8)
1,5	65	45	40	40	35	30	27	25	24	22	21	19	(17)	(15)
2,0	100	70	65	60	50	45	40	40	35	35	30	30	27	25
2,5	145	100	90	80	70	65	60	50	50	50	45	40	35	35
3,0	190	135	120	110	95	85	75	70	65	65	60	55	50	45
4,0		200	185	170	150	130	120	110	105	95	90	85	75	70
5,0						180	165	150	145	135	130	120	105	95
6,0	Stempellänge *l* bis über 200 mm möglich								190	180	170	155	140	125
8,0														194

d) den rechteckigen Querschnitt mit a als kürzerer, b als längerer Seite:

$$J = \frac{b \cdot a^3}{12}; \tag{9}$$

e) den dreieckigen Querschnitt mit h als kleinster Höhe und a als zugehöriger Dreiecksseite:

$$J = \frac{a \cdot h^3}{36}; \tag{10}$$

f) den regelmäßigen sechseckigen Querschnitt von der Seitenlänge a:

$$J = 0{,}5413 a^4; \tag{11}$$

g) den regelmäßigen achteckigen Querschnitt von der Seitenlänge a:

$$J = 1{,}865 a^4; \tag{12}$$

h) den elliptischen Querschnitt mit a als größerer und b als kleinerer Achse:

$$J = \frac{\pi \cdot a \cdot b^3}{64}. \tag{13}$$

Da die Knickkraft der Scherkraft gleichzusetzen ist, so gilt gemäß Gleichung (3):

$$P_k = K_s \cdot L \cdot s.$$

Für runde Stempel vom Durchmesser d gilt:

$$P_k = K_s \cdot d \cdot \pi \cdot s.$$

Hiernach sind Gleichungen (5) und (6) umzugestalten und ergeben nach l aufgelöst:

$$l = \sqrt{\frac{\pi^2 \cdot E \cdot d^3}{32 K_s \cdot s}} = \sqrt{\frac{663\,000 d^3}{K_s \cdot s}}. \tag{14}$$

Die Maße für d und s der vorstehenden Gleichungen sind in cm, E und K_s in kg/cm² einzusetzen. Bei anderen als runden Profilen sind die Gleichungen (4) und (5) direkt anzuwenden.

Beispiel: Aus 6 mm starkem Stahlblech von $K_s = 4000$ kg/cm² sind sechskantige Stücke für die Mutternfabrikation auszuschneiden. Die Sechskante weisen eine Seitenlänge von 6 mm auf. Dies ergibt eine abzuscherende Fläche von $6 \cdot 0{,}6 \cdot 0{,}6 = 2{,}16$ cm², also eine Scherkraft von 8640 kg. Das Trägheitsmoment für den regelmäßigen sechseckigen Querschnitt beträgt $0{,}5413\ a^4$. Da als Werkstoff Abfallblech vorgesehen ist, das man nicht unter einem Führungsschnitt, sondern unter einem offenen Säulenschnitt ausschneiden will, so findet Gleichung (4) Anwendung. Es gilt

$$l = (1 - 25\,\%) \sqrt{\frac{2\,150\,000 \cdot 0{,}5413 \cdot 0{,}129 \cdot 9{,}85}{8640}} = 0{,}75 \sqrt{172} = 9{,}8 \text{ cm}.$$

Im vorliegenden Beispiel wird man die Stempel nicht länger als 98 mm über der Stempelhalteplatte hervorragen lassen.

Man wird überhaupt die Stempel so kurz wie möglich halten, eine übertriebene Kürzung erschwert allerdings das Einstellen der Maschine. Eine Stempellänge von 80 mm dürfte als größte Stempellänge wohl in den meisten Fällen genügen, längere Stempel sollte man grundsätzlich nur dort anwenden, wo die Abmessungen des Werkstückes dies unbedingt erfordern. (Als Beispiel sei auf das Rollwerkzeug unter Werkzeugblatt 24 hingewiesen.)

Diese vorliegenden Berechnungen gelten nur für die Knickfestigkeit. Man wird hiernach mit sehr starken Stempeln auch sehr kräftiges Material schneiden können, ohne daß die Stempel unter der Knicklast brechen. Hingegen ist es eine ganz andere Frage, ob die Stempelkanten diese hohe

Beanspruchung aushalten[1]). Es wäre zwecklos, hierfür besondere Festigkeitsrechnungen aufstellen zu wollen. Es kommt hier vielmehr auf die richtige Wahl und noch mehr auf die sachgemäße Behandlung des Werkstoffes an. Über die Auswahl des für den jeweilig zu bearbeitenden Werkstoff in Frage kommenden Stempel- und Schnittplattenmaterials geben die unter Abschnitt E aufgeführten Tabellen XV bis XX Aufschluß.

Auch richtig bemessene Lochstempel können abbrechen, wenn die Führungsplatten ausgearbeitet oder verstemmt sind. Ebenso brechen beim Abstreifen während des Stempelhubes schwache Stempel leicht ab. Ersterem Umstand begegnet man durch Einsetzen gehärteter und geschliffener Büchsen in die Führungsplatte, dem anderen durch Anordnung einer mitgehenden gefederten Führungsplatte[2]).

6. Beanspruchung der Schnittplatten.

Eine Schnittplattenstärke von 30 mm für schwachen Werkstoff bis zu 1,5 mm Dicke und eine solche von 40 mm für stärkeres Material dürften als Mindestplattenstärken im allgemeinen genügen[3]). Berechnungen sind dann nicht erforderlich und ebensowenig gebräuchlich. Nur dort, wo Brüche eingetreten sind, welche man nicht auf sichtbare Materialfehler zurückführen kann, empfiehlt sich eine Kontrolle durch Rechnung.

Versuche an gehärteten, ungekerbten Stäben quadratischen Querschnittes 28 × 28 mm haben bewiesen, daß für angelassene Qualitätsschnittstähle eine Biegefestigkeit von 190–220 kg/mm² etwa erreicht wird. Bei nicht angelassenen Stählen sinken diese Werte bis auf etwa 60%. Gekerbte Stäbe weisen eine noch viel geringere Festigkeit auf, doch dürften Schnittplatten, die in Richtung des wirksamen Biegedruckes mit Kerben versehen sind, kaum Anwendung finden. Berücksichtigt man schließlich, daß die Schnittplatten in allen Fällen mit der Grundplatte durch Zylinderkopfschrauben oder mittels einer umfassenden Froschplatte allseitig fest verbunden sind und somit ein Teil der Biegekraft auch von diesen Befestigungselementen aufgenommen wird, so dürfte für angelassene Schnittplatten eine Biegebeanspruchung von $k_b = 50\ \text{kg/mm}^2$, für nicht angelassene ein $k_b = 30\ \text{kg/mm}^2$ als zulässig erscheinen.

Für die Berechnung sind grundsätzlich zwei Fälle zu unterscheiden, und zwar einerseits, daß die Beanspruchung der Schnittplatte durch eine Reihe hintereinander angeordneter Stempel ziemlich über die ganze Schnittplattenfläche erfolgt, wie in Abb. 5 gezeichnet ist, andererseits, daß gemäß Abb. 6 die Schnittplatte nur an einer oder mehreren unregelmäßig verteilten Stellen beansprucht wird. Erster Fall ist seltener, gestattet jedoch die Annahme, die Schnittplatte als beiderseits eingespannten Träger zu betrachten, was die Rechnung außerordentlich vereinfacht. In der Abb. 5 ist ein Beispiel angegeben, welches zeigt, daß die Stempel die Schnittplatte in einer Linie über die ganze Plattenlänge a ziemlich gleichmäßig bean-

---

[1]) Siehe Brearley-Schäfer: Die Werkzeugstähle und ihre Warmbehandlung (3. Aufl. 1922). Auf S. 115 wird dort auf einen ringförmigen Bruch an einem Rundstempel, bedingt durch Überlastung, hingewiesen. Über das Ausbrechen von Stempeln wird ferner in Werkstatt u. Betrieb 1934 auf S. 312 berichtet.

[2]) Siehe hierzu den Aufsatz von Göhre: Das Abbrechen von Lochstempeln (Masch.-Bau 1935 Heft 9/10 S. 249). Dort sind noch weitere Ursachen nebst Angabe illustrierter Beispiele beschrieben.

[3]) Über Schnittplattenstärken und ihre Berechnung berichtet der Verfasser in Werkstatt u. Betrieb 1934 auf S. 246ff.

spruchen, Fall I ist in diesem Falle anwendbar. Weit häufiger wird man jedoch diese einfachen Beziehungen, wie sie die Verhältnisse am einseitig oder beiderseitig eingespannten und belasteten Träger darstellen, nicht anwenden können, dann muß man auf die Gesetze der Festigkeit von in der Ebene beanspruchten Platten Bezug nehmen. Diese unter Fall II und in der Abb. 6 dargestellten Belastungsfälle setzen eine in der Mitte wirkende Beanspruchung voraus. Je mehr sich der Angriffspunkt bzw. Kräfteschwerpunkt aus der Plattenmitte verschiebt, um so geringer wird selbstverständlich auch die Beanspruchung. Bei einer Verschiebung des Schwerpunktes aus der Mitte kann man den k_b-Wert um 10 bis zu 30% erhöhen, wobei letzterer Wert nur dort in Rechnung zu stellen ist, wo sich der Schwerpunkt der wirksamen Kraft unmittelbar am Rande der Platte befindet. Wenn auch mittels Abstufung der Stempellängen die Beanspruchung der Platte herabgesetzt wird, so sollte man dies aus Sicherheitsgründen in der Rechnung nicht berücksichtigen.

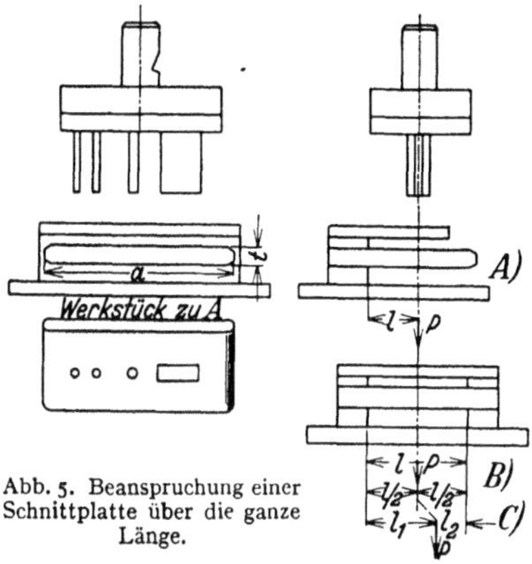

Abb. 5. Beanspruchung einer Schnittplatte über die ganze Länge.

Fall Ia. Die Schnittplatte ist nur einseitig eingespannt.

$$k_b = \frac{6 \cdot P \cdot l}{a \cdot t^2}\,. \tag{15}$$

Beispiel zu Ia: Die in der Abb. 5 unter Ausführung A angegebene Schnittplatte ist 100 mm lang (a), 25 mm stark (t) und wird durch 4 Stempel in einer Entfernung von 40 mm (l) von der Einspannung aus beansprucht. Die beiden linken Stempel haben 3 mm, der mittlere 5 mm Durchmesser, und der rechte Stempel erzeugt einen rechteckigen Ausschnitt 9×30 mm. Gelocht werden länglich gezogene Messinghülsen von 2 mm Stärke (s).

Gemäß Tabelle II beträgt die Scherfestigkeit von Messingblech bis zu 3000 kg/cm². Sämtliche 4 Stempel verfügen insgesamt über einen Schnittlinienumfang von

$$L = 2 \cdot 3 \cdot \pi + 5 \cdot \pi + (9 + 9 + 30 + 30) = 112{,}5 \text{ mm}.$$

Somit ergibt sich ein Stempeldruck P nach Gleichung (3):

$$P = 0{,}2 \cdot 11{,}25 \cdot 3000 = 6750 \text{ kg}$$

und die Biegungsbeanspruchung nach Gleichung (15):

$$k_b = \frac{6 \cdot P \cdot l}{a \cdot t^2} = \frac{6 \cdot 6750 \cdot 4}{10 \cdot 6{,}25} = 2600 \text{ kg/cm}^2 = 26 \text{ kg/mm}^2.$$

Diese Beanspruchung ist gemäß obigen Ausführungen noch zulässig.

Fall Ib. Die Schnittplatte ist beiderseitig eingespannt.

$$k_b = \frac{0{,}75 \cdot P \cdot l}{a \cdot t^2}\,. \tag{16}$$

Beispiel zu Ib: Die Stempelanordnung ist die gleiche wie oben, nur werde hier kein hohler Ziehkörper, sondern ein Stück Messingblech von 2 mm Stärke gelocht. Es ergibt sich also der gleiche Stempeldruck wie im obigen Beispiel zu 6750 kg. Jedoch kann diesmal die Schnittplatte an beiden Seiten aufliegend bzw. als beiderseitig eingespannt betrachtet werden. Die in der Abb. 5, Ausführung B, angegebene freie Länge l betrage 80 mm. Somit beträgt die Biegungsbeanspruchung:

$$k_b = \frac{0{,}75 \cdot P \cdot l}{a \cdot t^2} = \frac{0{,}75 \cdot 6750 \cdot 8}{10 \cdot 6{,}25} = 650 \text{ kg/mm}^2.$$

Fall Ic. Die Schnittplatte ist beiderseitig eingespannt, die Kraft wirke nicht in der Mitte, vielmehr liege ihr Angriffspunkt von beiden Seiten der Einspannung um l_1 und l_2 entfernt.

$$k_b = \frac{0{,}75 \cdot P \cdot l_1 \cdot l_2}{a \cdot t^2 (l_1 + l_2)}. \tag{17}$$

Beispiel zu Ic: Die Verhältnisse entsprechen den unter Beispiel Ib gegebenen Voraussetzungen bis auf den Angriffspunkt der Stempelkraft, welcher gemäß Abb. 5, Ausführung C, von der linken Schnittplattenauflage 55 mm, von der rechten Auflage 25 mm entfernt liegt. Für die Biegungsbeanspruchung k_b gilt also:

$$k_b = \frac{0{,}75 \cdot P \cdot l_1 \cdot l_2}{a \cdot t^2 (l_1 + l_2)} = \frac{0{,}75 \cdot 6750 \cdot 5{,}5 \cdot 2{,}5}{10 \cdot 6{,}25 \cdot 8} = 140 \text{ kg/cm}^2.$$

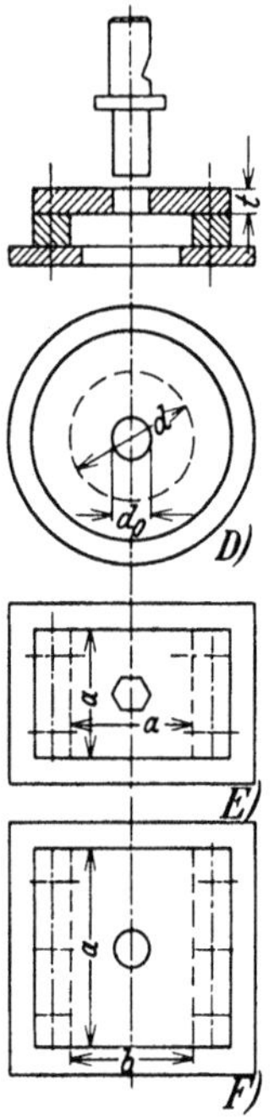

Abb. 6. In der Mitte beanspruchte Schnittplatten verschiedener Gestalt.

Fall IIa. Eine runde Schnittplatte ist auf einen Ring vom Radius r aufgespannt, der auf Plattenmitte wirkende Schnittstempel weist einen Durchmesser von $2r_0$ auf.

$$k_b = \frac{1{,}5 \cdot P}{t^2}\left(1 - \frac{2 \cdot r_0}{3 \cdot r}\right). \tag{18}$$

Beispiel zu IIa: Der innere Durchmesser d des Zwischenringes, auf welchen gemäß Abb. 6, Ausführung D, die Schnittplatte aufgeschraubt ist, betrage 100 mm, der Stempeldurchmesser d_0 30 mm. Es werde wie in den Beispielen unter I Messingblech von 2 mm Stärke geschnitten. Der für die Schnittplatte zur Verwendung kommende Stahl gestatte ein k_b bis zu 3000 kg/cm² als zulässige Biegebeanspruchung. Wie stark ist die Schnittplatte mindestens zu bemessen?

Der Schnittumfang beträgt $2 \cdot r_0 \cdot \pi = 9{,}45$ cm. Bei 0,2 cm Blechstärke und einer Scherfestigkeit von 3000 kg/cm² ergibt dies einen Stempeldruck von $P = 5670$ kg. Nach Umformung der Gleichung (2) wird die Schnittplattenstärke t ermittelt:

$$t = \sqrt{\frac{1{,}5\,P}{k_b}\left(1 - \frac{2\,r_0}{3\,r}\right)}$$

$$= \sqrt{\frac{1{,}5 \cdot 5670}{3000}\left(1 - \frac{3}{15}\right)} = \sqrt{2{,}83 \cdot 0{,}8} = 15 \text{ mm}.$$

Fall IIb. Die Schnittplatte ist beiderseitig oder allseitig festgespannt, ihre freie ungestützte Fläche bildet ein Quadrat von der Seitenlänge a. Nach Winkel[1]) ist das Maß a für kleinere Platten, also solche unter 200 mm Seitenlänge, bedeutungslos, und es gilt dann die sehr einfache Beziehung:

$$k_b = \frac{1{,}5 \cdot P}{t^2}. \tag{19}$$

Beispiel zu IIb: Auf einem vorhandenen Schnittwerkzeug gemäß Ausführung E der Abb. 6 soll weiches Stanzblech geschnitten werden. Bis zu welcher Blechstärke kann dieses Werkzeug verwendet werden, wenn man für die Scherfestigkeit des Bleches ein $K_s = 2500$ kg/cm² und für die zulässige Biegebeanspruchung der 30 mm starken Schnittplatte ein $k_b = 1500$ kg/cm² annimmt? Der Schnittstempel ist für Sechskantmuttern bestimmt von der Seitenlänge 9 mm.

[1]) Siehe Dubbels Taschenbuch für den Maschinenbau, 5. Aufl., S. 501.

Die gesamte Schnittlinienlänge L ergibt $6 \cdot 0{,}9 = 5{,}4$ cm. Der Stempeldruck beträgt gemäß Gleichung (3): $P = K_s \cdot s \cdot L$. Wird dieser Ausdruck in obige Gleichung (19) eingesetzt und diese nach s aufgelöst, so erhält man eine höchstzulässige Blechstärke:

$$s = \frac{k_b \cdot t^2}{1{,}5\,K_s \cdot L} = \frac{1500 \cdot 9}{1{,}5 \cdot 2500 \cdot 5{,}4} = 6{,}6 \text{ mm.}$$

Fall IIc. Die Schnittplatte ist beiderseitig oder allseitig festgespannt, ihre freie ungestützte Fläche bildet ein Rechteck, dessen größere Seitenlänge mit a, dessen kleinere mit b bezeichnet wird.

$$k_b = \frac{3P}{t^2}\left(\frac{\frac{b}{a}}{1 + \frac{b^2}{a^2}}\right). \tag{20}$$

Beispiel zu IIc: Mittels des in Abb. 6, Ausführung F, dargestellten Werkzeuges soll wie im Beispiel zu IIa 2 mm starkes Messingblech mit einem Stempel von 30 mm Durchmesser gelocht werden, so daß der dort angegebene Stempeldruck P von 5670 kg auch hier in Rechnung gestellt werden kann. Die Schnittplattenstärke betrage 30 mm, die größere Seite a der freien ungestützten Fläche 150 mm, die kleinere Seite b 100 mm. Wie groß ist die Biegebeanspruchung der Schnittplatte?

$$k_b = \frac{3P}{t^2}\left(\frac{\frac{b}{a}}{1 - \frac{b^2}{a^2}}\right) = \frac{3 \cdot 5670}{9}\left(\frac{\frac{10}{15}}{1 + \frac{100}{225}}\right) = 870 \text{ kg/cm}^2.$$

Es ist darauf hinzuweisen, daß derartige Berechnungen nur angenäherte Werte ergeben. Bei Eintritt von Brüchen empfiehlt sich unbedingt eine möglichst metallographische Untersuchung des Bruchgefüges. Weiterhin sind die im späteren Hauptabschnitt F beschriebenen Härtefehler zu beachten.

7. Schneidspalt.

Für die Erhaltung der Schneidfähigkeit eines Schnittwerkzeuges — mit anderen Worten: zur Erzielung einer hohen Standzeit — ist die Größe

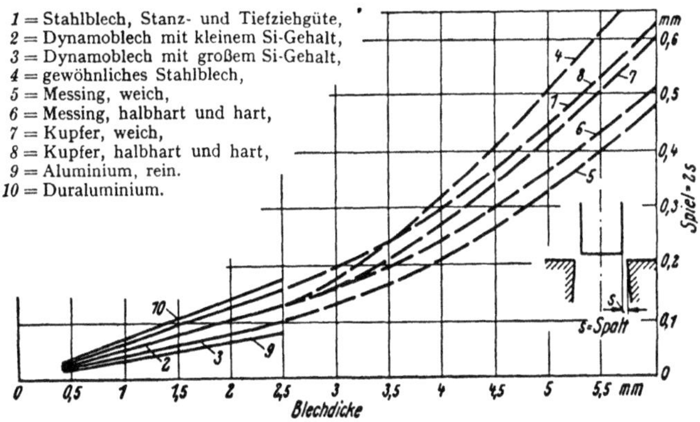

Abb. 7. Spaltenweitendiagramm.

des Schneidspaltes von großer Bedeutung. Vor allen Dingen muß diese Spaltbreite an allen Stellen des Schnittes völlig gleichmäßig sein. Seine Größe hängt in erster Linie von der Art des Werkstoffes und dessen Stärke ab. In dem Diagramm[1]) von Göhre der Abb. 7 ist die richtige Spaltweite abzugreifen. Die genaue Einhaltung der Spaltweite ist bei der Neuanfertigung des Werkzeuges bereits schwierig. Während des Betriebes können weitere Unstimmigkeiten eintreten. Ungleiche Härte der Schnittkanten, seitlich versetztes oder schiefes Einspannen des Stempels, Durchfederung eines zu schwachen Pressentisches, Einspannzapfen nicht im Schwerpunkt der Schnittlinien und Verschleiß oder ungenaue Herstellung der Führungsplatte bedingen ungleiche Spaltbreiten und somit eine frühzeitige Zerstörung des Schnittes. Aus diesem Grunde verläßt man heute den Plattenführungsschnitt und wählt Säulengestelle, in die man Schnittplatten und Stempel einbauen und austauschen kann.

8. Stempelführungsplatte und Zwischenleiste.

Stempelführungsplatten, welche bei Führungsschnitten über der eigentlichen Schnittplatte angeordnet sind, sollen nicht zu schwach bemessen werden. Man wähle sie mindestens etwa zu 15 mm für kleine Stempel und bis zu 25 mm für größere Schnitte. Je genauer der Stempel in der Führungsplatte geführt ist, um so mehr wird das Werkzeug geschont[2]). Als Werkstoff wählt man im allgemeinen einen Stahl wie etwa St 42 · 11 nach DIN 1611 und wird nur in ganz besonderen Fällen härteres Material verwenden[3]).

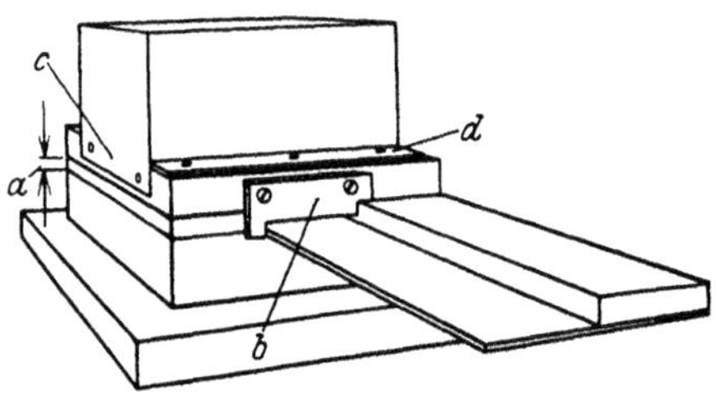

Abb. 8. **Führungsschnitt mit Schutzkorb und Einführungsschild.**

Wichtig ist ein häufiges Ölen der Stempelführungen[4]). Es empfiehlt sich, die Stempelführungsplatte mit der Schnittplatte nicht allein durch versenkte Zylinderkopfschrauben, sondern auch mittels Zylinderstifte unverrückbar zu verbinden. Auf der Führungsplatte wird der Schutzkorb aus perforiertem Blech gemäß Abb. 8 (Ausführung c oder d) angeschraubt. Aus der gleichen Abbildung ist ersichtlich, daß zwischen Führungsplatte und Schnittplatte bei den Führungsschnitten sog. Zwischenleisten der Stärke *a* vorgesehen werden, von denen die eine häufig zwecks guter Anlage des Stanzstreifens über das Werkzeug hinausgeführt ist. Die Zwischenleiste darf man nicht zu schwach wählen, da bei evtl. Störungen, insbesondere Verklemmen des Werkstoffes in den Schnittöffnungen der Streifenkanal des Werkzeuges gut zugänglich sein muß. Zu beachten ist hierbei, daß die

[1]) Entnommen dem Aufsatz von Göhre: Der Schneidspalt von Schnitten und sein Einfluß auf ihre Standzeit, in Werkst.-Techn. 1935 Heft 16 S. 313 Abb. 2. Auf diese wichtige Veröffentlichung wird an dieser Stelle besonders verwiesen. Siehe auch den Aufsatz desselben Verfassers über frühzeitige Stumpfung der Schnittwerkzeuge in Masch.-Bau 1935 Heft 7/8 S. 190.

[2]) Die wirtschaftliche und genaue Herstellung von Plattenführungsschnitten auf dem Lehrenbohrwerk wird in Masch.-Bau 1934 Heft 9/10 ausführlich beschrieben.

[3]) In Fällen ganz besonders hoher Beanspruchung wird das Einsetzen gehärteter Führungsbüchsen in die Führungsplatte gemäß Werkst.-Techn. 1928 Heft 16 S. 489 Abb. 1 empfohlen.

[4]) Über das Schmieren der Stempel in der Führungsplatte mittels Ansenken wird in Masch.-Bau 1932 Heft 24 S. 528 unter Abb. 7 berichtet.

Zwischenleisten an ihren dem Stanzstreifen zu liegenden Flächen nach oben und außen zu leicht abgeschrägt sind. Der Abstand zwischen den Zwischenleisten ist über der Schnittplatte demnach etwas geringer als unter der Stempelführungsplatte. Dieser Unterschied beträgt etwa 0,5 bis 1,0 mm. Weiterhin werden diese Zwischenleisten dort besonders stark bemessen, wo man Anschneideanschläge (s. Werkzeugblatt 5 und 6) in der Zwischenplatte vorsehen muß, oder wo man eine einseitige Anlage des Stanzstreifens mittels abgefederter Bügel erzielen will. In der Abb. 9 sind derartige Federdruckstücke skizziert[1]). Ausführung I zeigt eine beiderseits etwa 0,3 mm starke gebogene Bandfeder, die in eingesägte Schlitze der Zwischenleiste *a* unter Vorspannung eingehängt wird. Bei II ist die Zwischenleiste *a* von der Innenseite angebohrt. Der Bügel *c* ist mit dem Bolzen *d* vernietet und drückt über seine Feder den eingeführten Stanzstreifen an die gegenüberliegende Zwischenleiste. Durch Scheibe und Splint *e* wird das Überstandsmaß *x* des Bügels *c* begrenzt. Ausführung III zeigt eine ähnliche Bauart unter Verwendung zweier Federn *k* und *l*. Die gegenseitige Befestigung von Bügel *g*, Bolzen *h* und Scheibe mit Splint *i* geschieht in gleicher Art wie unter II. Ein anderes Ausführungsbeispiel ist schließlich unter IV angegeben, dort wird der Bügelkörper *m* in eine Aussparung der Zwischenleiste eingesetzt. Auch hier erfolgt die Druckwirkung über eine Spiralfeder *n*, welche auf der einen Seite gegen den Bügelkörper, auf der anderen Seite gegen ein überschraubtes Schild *o* drückt[2]).

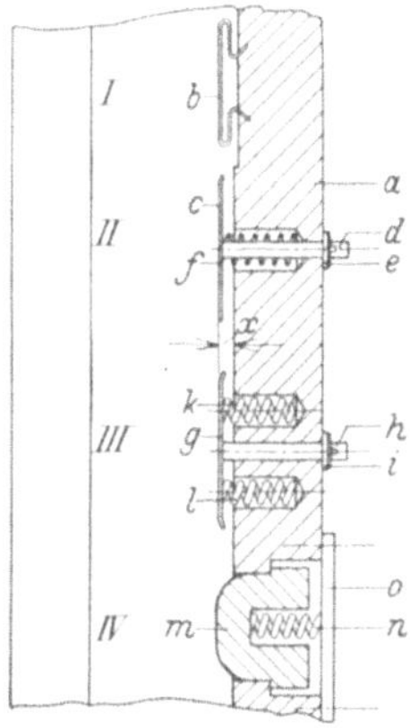

Abb. 9. Federdruckstücke in Führungsschnitten.

Starke Zwischenplatten haben den Nachteil, daß der Stanzer beim Nachschieben des Streifens mit seinen Fingerspitzen leicht unter die zunächst gelegenen Stempel gelangt. Um ein Nachgreifen mit den Fingern unter die Führungsplatte zu verhüten, wird ein besonderes Schutzschild *b* vorgesehen, wie dies unter Abb. 8 erkenntlich ist. Bei sehr schwachem Werkstoff wird man die Stärke der Zwischenplatte so gering als irgend möglich wählen, und zwar deshalb, damit sich der Werkstoff innerhalb des von den beiden Zweischenleisten der Führungsplatte und der Schnittplatte gebildeten Streifenkanales nicht wölben kann. Die herausgestanzten Teile sind bei einer derartigen Wölbung des Materials zunächst nicht maßhaltig, ferner jedoch bleiben sie in der Schnittöffnung teilweise hängen und verhindern die störungsfreie Fortführung des Stanzstreifens. Dies gilt insbesondere für Metallfolien und dünnes Hartpapier, soweit man diese Stoffe nicht besser unter Messerschnitten statt unter Führungsschnitten herstellt.

Der Vorschub des Stanzstreifens geschieht im allgemeinen dort von Hand, wo die Streifen aus Tafeln geschnitten sind. Bei Bandmaterial wird der

[1]) Eine Reihe anderer interessanter Lösungen zeigt Göhre: Schnitte und Stanzen (Leipzig 1927) in den Abb. 81—84 auf S. 73. — Siehe ferner Bosse: Die federnde Führungsleiste (Werkstatt u. Betrieb 1936 Heft 9/10 S. 137).

[2]) Unter AWF E 5101/5 wird eine ähnliche Bauart empfohlen, unter Verwendung einer Blattfeder als Druckelement.

Vorschub mechanisch über Greifer oder Walzenvorschubapparate bewerkstelligt, die meistens Bestandteile der Maschine sind. In Betrieben, wo Bandmaterial so selten zur Verarbeitung kommt, daß die Anschaffung solcher Apparate nicht lohnt, kann man in das Werkzeug eine federnd aufzuhängende Schleppklinke einbauen, die in einen Ausschnitt des bereits gelochten Stanzstreifens einfällt und beim Niedergang des Stempels denselben vorwärtsschiebt[1]. Solche Vorrichtungen sind jedoch nur Notbehelf und können die vielseitige Verwendbarkeit eines Walzenvorschubapparates niemals ersetzen.

B. Ausführungen von Schnittwerkzeugen.

I. Einfacher Freischnitt[2].

(Werkzeugblatt 1.)

Einfache Stempel, die im Durchmesser nicht erheblich größer und nicht wesentlich kleiner als der Durchmesser ihres Stempelzapfens sind, werden mit ihrem Einspannteil aus einem Stück hergestellt. Der Stempelzapfen und der am Pressenstößel aufsitzende Bund muß weich bleiben und darf

Freischnitt	Werkzeugblatt 1

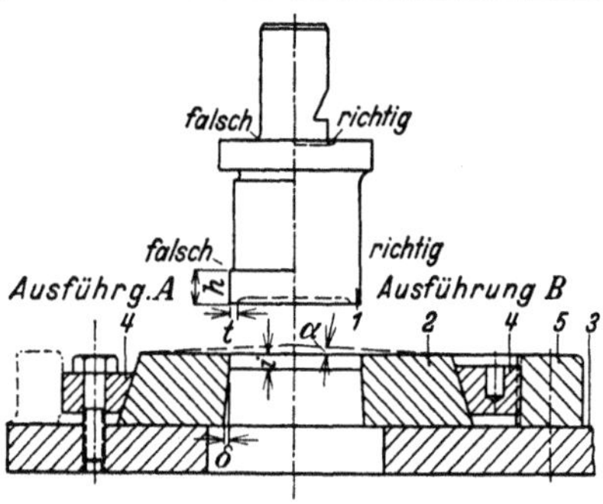

Pos.	Gegenstand	Werkstoff	Norm	Bemerkungen
1	Stempel mit Einspannzapfen	Werkzeugstahl s. Tab. XV/XVI	DIN 810	gehärtet
2	Schnittplatte	Werkzeugstahl s. Tab. XV/XVI	AWF 5005 bis 5008	gehärtet
3	Grundplatte.	St 42 · 11		
4	Spannring	ECN 35		
5	Ringplatte	St 42 · 11		

[1]) Ein Ausführungsbeispiel hierzu ist in der Werkst.-Techn. 1933 Heft 12 S. 246 angegeben.

[2]) Beispiele hierzu finden sich u. a.: 1. Kurrein: Werkzeuge und Arbeitsverfahren der Pressen (Berlin 1926) S. 74 Abb. 26—29. — 2. Kaczmarek: Die moderne Stanzerei (Berlin 1929) S. 17ff. Abb. 17—19. — 3. Freischnitte für Großbahnlaschen (schwere Locharbeiten) in der Werkst.-Techn. 1927 Heft 12 S. 263 Abb. 1—10. — 4. Schriften der ADB Bd. IV (Berlin 1926) S. 73.

nicht mit gehärtet werden. Dabei ist zu beachten, daß bei einteiliger Ausführung am Fuße des Einspannzapfens eine kleine und flache Ringnute eingestochen wird, um ein gutes Anliegen des Stempeloberteiles an der Stößelfläche zu gewährleisten. Größere Stempel — ein solcher ist im vorliegenden Werkzeugblatt angegeben — spart man zweckmäßig an ihrer unteren Schnittfläche aus, wobei man am Rand eine Fläche von der Breite t zu etwa 5 bis 8 mm stehenläßt. Ausführung A zeigt einen abgesetzten, Ausführung B einen nicht abgesetzten Stempel. Im ersteren Falle sind die Herstellungskosten infolge Verminderung der Schleifzeit um ein weniges geringer, dafür ist aber die Einrichtung[1]) des Werkzeuges an der Maschine umständlicher und daher nicht zu empfehlen. Bei Ausführung A wird man die Höhe h am Schnitteil des Stempels um einige Millimeter höher wählen als das Maß, um welches der Stempel in die Schnittplatte eingeführt wird, damit nicht beim Emporgehen des Stempels der durchlochte Streifen über dem Absatz hängen bleibt. Werden Schnittplatten (Teil 2) sehr häufig verwendet, so wird man sie mit einer Grundplatte (Teil 3) fest verbunden ausführen und beim Abschleifen nicht von dieser abnehmen. Werden hingegen äußerst zahlreiche Schnittplatten gebraucht, welche oft in erheblichen Zeitabständen nur für kürzere Dauer in Betrieb genommen werden, so wird man eine oder nur wenige gemeinsame Grundplatten mit sog. Froschleisten oder Froschringen in der Werkstatt bereit halten, welche dann die verschiedensten Schnitte aufnehmen können. Ist die Schnittplatte rechteckig ausgeführt, so muß die Froschleiste (Teil 4) gegen eine in der Ausführung A des Werkzeugblattes 1 gestrichelt gezeichnete Leiste abgestützt werden. Bei Ringen jedoch erübrigt sich eine derartige Gegenleiste, wenn die einzelnen Schrauben nach Ausführung A am Umfange gleichmäßig angezogen werden. In gewissen Fällen wird eine ringförmige Spannung durch Schraubenringe (Teil 5) bevorzugt, wie es in der Ausführung B des gleichen Werkzeugblattes dargestellt ist. Zwei gegenüberliegende Bohrungen des Froschringes dienen zur Aufnahme eines Stiftschlüssels[2]).

Die Schnittplatten werden fast ausnahmslos plan geschliffen, nur bei größeren Schnitten wird man zur Schonung von Werkzeug und Maschine dachförmigen Anschliff wählen. Man merke hierbei, daß beim Lochen von Werkstücken der Stempel gemäß Abb. 2, B gekerbt und die Schnittplatte eben, beim Ausschneiden runder Platinen hingegen die Matrize dachförmig (im Werkzeugblatt 1 gestrichelt dargestellt) und der Stempel eben geschliffen werden. Den Winkel α wähle man hierbei etwa zu 3 bis 4°. Man erhält dann noch einigermaßen kreisrunde Ausschnitte. Für eine unbedingt genaue Form empfiehlt sich allerdings ein schräger Anschliff nicht.

Das Tiefenmaß i für die zylindrische Schnittöffnung wähle man mindestens gleich der Werkstoffstärke, um ein Nachschleifen der Matrizenoberfläche ohne Veränderung der Matrizenbohrung zu ermöglichen. Bis zu dieser Tiefe ist die Matrizenöffnung genau zylindrisch auszuführen, anschließend ist sie zu erweitern unter einem Winkel δ von 1 bis 2°, damit die ausgeschnittenen Stücke leicht abfallen können.

Derartige Freischnitte ohne Säulenführung eignen sich nur für Maschinen mit vollkommen sicherer Stempelführung, da sonst außer einem ungleich-

---

[1]) Im Werkstattblatt II (Beilage zur Zeitschrift Werkstatt u. Betrieb) wird das Einstellen von Freischnitten ausführlich geschildert.

[2]) Über weitere Befestigungsarten siehe AWF 5005—5008 und ferner Werkst.-Techn. 1923 Heft 17 S. 519.

mäßigen Schnitt mit einer Beschädigung der Schnittkanten von Stempel und Matrize gerechnet werden muß. Die Freischnitte ohne Säulenführung werden immer mehr durch Säulengestelle mit austauschbaren Schnittplatten und Stempeln verdrängt. Diese sind selbst bei kleinen Stückzahlen wirtschaftlicher als der einfache Freischnitt. Denn dort werden die Werkzeuge mehr geschont und Einrichtezeiten herabgesetzt.

2. Säulenfreischnitt[1]).

(Werkzeugblatt 2.)

Für die Anordnung der Säulen und ihrer Lagerung gibt es verschiedene Bauarten[2]). So werden vom AWF gehärtete und geschliffene Führungsbüchsen empfohlen[3]). Im vorliegenden Werkzeugblatt 2 läuft die Säule in einer Graugußbuchse mit Schmiernute. Selbst Ausführungen in Grauguß ohne Schmiernute haben sich im Betrieb aufs beste bewährt. Der Fuß der Säule ist abgesetzt und in die Schnittplatte von unten eingesetzt. Bei völlig oder annähernd symmetrischen Schnitten wird man für beide Säulen einen verschieden großen Durchmesser wählen, um ein falsches Zusammensetzen des Werkzeuges auszuschließen. Über die Art des Zusammenbaus bestehen verschiedene Ansichten. Entweder werden die Bohrungen für Säulen und Führung im Oberteil und Unterteil erst dann vorgenommen, wenn diese im übrigen vollständig hergestellt sind, so daß beide Teile nach dem Zusammensetzen gemeinsam gebohrt werden können, oder man stellt das Schnittgestell zunächst fertig und reißt die Schnittplatte nach dem fertig eingebauten Stempel an. Dort, wo keine Sonder-Schnittfräsmaschinen zur Verfügung stehen, ist letzteres Verfahren vorzuziehen. Im allgemeinen wird man sich für Stempelköpfe aus Grauguß entscheiden, an welchen die Führungsbuchsen in Form seitlicher Ansätze vorgesehen sind. Nur bei besonders großen Drücken empfiehlt sich das Einsetzen von Bronzebüchsen oder solchen aus Werkzeugstahl. Führungsbuchsen aus Lagermetall sind nur für kleinere Schnitte vorteilhaft, bei denen die Büchsen nach vorher erfolgtem Zusammenbau des Werkzeuges ausgegossen werden.

Offene Säulenschnitte verwendet man dort, wo die Schlittenführungen der zur Verfügung stehenden Pressen nicht mehr so einwandfrei laufen, als daß man Freischnitte ohne irgendwelche Führung verwenden kann. Auf der anderen Seite wird man auf einen geschlossenen Führungsschnitt verzichten, wenn weniger in genau gleichmäßige Streifen geschnittenes Material in Frage kommt, sondern häufiger verschieden breite Stücke oder gar Abfälle verarbeitet werden. Insbesonders für größere einfache Schnitte ohne Vorlocharbeiten sind Säulenwerkzeuge zu empfehlen. Da das Abfallmaterial in seiner Größe sehr ungleichmäßig ist, wird es zweckmäßig durch einen unter kräftiger Federvorspannung stehenden Niederhalter[4]) beim Abwärts-

---

[1]) Weitere Beispiele sind angegeben in: 1. Werkst.-Techn. 1927 Heft 12 S. 365 Abb. 17 bis 20 (Lenkradspeichenfabrikation). — 2. Masch.-Bau 1926 S. 780 Abb. 6.

[2]) Beister beschreibt in der Werkst.-Techn. 1928 Heft 1 S. 1 zu Abb. 10 eine Führungsbüchse aus Phosphorbronze mit Hartholzzwischenlage und selbsttätiger Säulenschmierung. Kurrein empfiehlt in seinem Buche: Werkzeuge und Arbeitsverfahren der Pressen (Berlin 1926) auf S. 190 zu Abb. 223 das Einsetzen von Führungsbuchsen aus Lagermetall.

[3]) Siehe hierzu AWF E 5201.

[4]) Im Masch.-Bau 1927 Heft 1 S. 32 Abb. 2 ist ein Lochwerkzeug mit schwerem Niederhalter für die Bremsscheibenherstellung angegeben. — Über Anschläge und Abstreifer berichtet Bosse in Werkstatt u. Betrieb 1936 Heft 19/20 S. 277.

gang des Stempels auf die Matrize gedrückt. Unmittelbar anschließend erfolgt dann das Schneiden durch den niedergehenden Stempel unter weiterer Zusammendrückung der Feder des Niederhalters. Beim Aufwärtsgang wird der Stempel gelüftet, der Niederhalter dient nunmehr als Abstreifer[1]).

Die Ausführung A ohne Niederhalter und Abstreifer ist billiger als Ausführung B und in manchen Fällen auch dieser vorzuziehen. Bei starkem

Freischnitt mit Säulenführung und Abstreifer	Werkzeugblatt 2

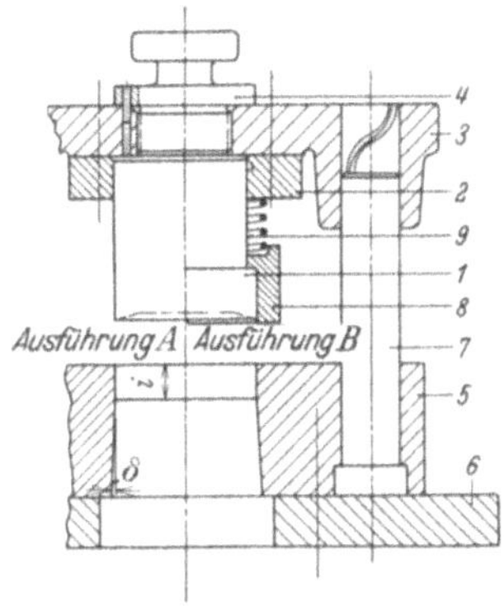

Pos.	Gegenstand	Werkstoff	Norm	Bemerkungen
1	Stempel	Werkzeugstahl s. Tab. XV/XVI		gehärtet
2	Stempelaufnahmeplatte	St 42 · 11		
3	Stempelkopf	Gußeisen (besser Temperguß)	AWF 5905	
4	Einspannkupplung . . .	St 42 · 11	AWF 5301	
5	Schnittplatte	Werkzeugstahl s. Tab. XV/XVI		gehärtet
6	Grundplatte	St 42 · 11	AWF 5905	
7	Führungssäule.	ECN 35	AWF 5905	
8	Abstreifering	St 42 · 11		
9	Spiralfeder	Federstahl	DIN 2075	

Werkstoff, welcher ungleichmäßig aufliegt, kommt es häufig vor, daß die Federkraft des Abstreifers nicht ausreicht, um das gelochte Abfallstück abzustreifen. Es ist dann sehr zeitraubend, wenn häufig mittels Hammer oder Schraubenzieher das klemmende Blech herabgeschlagen werden muß, weshalb man in einem solchen Falle die billigere Ausführung A bevorzugt und dort auf dem Maschinentisch oder Werkzeugunterteil einen Abstreifering befestigt. Einen derartigen einfachen Abstreifer findet man unter Werkzeugblatt 16 (dort Teil 11) angegeben.

Über die Maße i und δ siehe das unter Werkzeugblatt 1 Gesagte! Der Stempel wird in gewissen Fällen etwas hohl geschliffen, besonders dort, wo

[1]) Eine für bedruckten Werkstoff geeignete Abstreiferkonstruktion findet sich in der Werkst.-Techn. 1925 Heft 3 S. 117 Abb. 5 und 6.

weicher Werkstoff verarbeitet wird. Ein dachförmiges Anschleifen der Schnittplatte ist nur bei Ausführung A möglich.

Eine starre Einspannung des Einspannzapfens ist bei Säulenschnitten dann nicht empfehlenswert, wenn die Stößelführungen der Pressen ungleichmäßig sind, da sich die hierdurch bedingten Stöße der Maschine notwendigerweise auf das Werkzeug übertragen müssen. Diesem Übel begegnet man durch Verwendung eines Kupplungszapfens gemäß Abb. 10, welchen man als Einspannzapfen in den Stößel einspannt und in dessen gabelförmiges Aufnahmeteil ein am Stempeloberteil befestigter Knopf derart seitlich eingeschoben wird, daß er fast ringförmig umschlossen wird. Bei dieser Ausführung werden die Einrichtezeiten eher herabgesetzt als erhöht. Die Werkzeuge nach Werkzeugblatt 2 und 10 sind für ein Einhängen des Stempeloberteiles in derartige Kupplungszapfen vorgesehen.

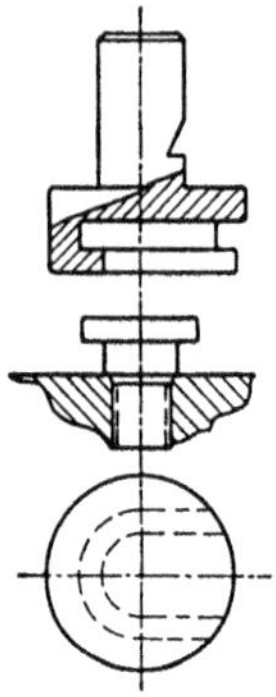

Abb. 10. Einspannzapfen mit Kuppelung für Säulenschnitte.

In den letzten Jahren haben die Säulenwerkzeuge mit austauschbaren Stempeln, Schnitt- und Stempelhalteplatte zugenommen und werden voraussichtlich die Plattenführungsschnitte vollständig verdrängen. Die Säulengestelle werden teilweise von Spezialfabriken hergestellt. Mit Rücksicht auf den Zweck dieses Taschenbuches sind im folgenden die verschiedenen Schnittbauarten zumeist als Führungsschnitte gezeichnet. Es ist für den Besitzer von Säulengestellen einfach, auch die dort angegebenen Werkstoffhinweise und Konstruktionsangaben unter Verzicht auf die Stempelführungsplatte zu übernehmen. Schließlich gibt es doch noch eine größere Anzahl von Betrieben, die an den bisherigen Führungsschnitten festhalten.

3. Einteilung des Stanzstreifens.

An einem Beispiel sollen die verschiedenen Anordnungsmöglichkeiten des Zuschnittes veranschaulicht werden. Abb. 11 zeigt einen dreifach gelochten Winkel, für den das Streifenmaterial zuzuschneiden[1]) ist.

Bei der in Ausführung I gezeigten Anordnung des Werkzeuges mit Vorlocher entsteht ein nicht unbeträchtlicher Abfall durch den zur Ergänzung eines Rechteckes sich ergebenden unausgenutzten Raum des Winkels. Der Streifen wird zunächst bis unter den Seitenschneider *Ss* geschoben und dort gelocht. Seitenschneider sind rechteckige Stempel, welche den Streifen seitlich um 2 bis 4 mm beschneiden, und werden einseitig, häufiger beiderseitig angeordnet[2]). Für das Mindestschneidemaß c des Seitenschneiders gelten die in Tabelle IV angegebenen Werte. Die Länge des Stempelquerschnittes ist gleich der Teilung x, die Breite ist etwa dem Vierfachen

---

[1]) Beispiele für die Einteilung des Stanzstreifens bei gleichzeitiger Herstellung verschiedener Stanzteile gleichen Werkstoffes und gleicher Stärke zeigt Kaczmarek in seinem Aufsatz über Werkstofferspamisse in der Stanzereitechnik, Werkst.-Techn. 1935 Heft 8 S. 158. — Siehe ferner: Hilbert: Grundformeln für das Bestimmen von Streifenbreiten und der Stückzahl je Streifen (Werkstatt u. Betrieb 1935 S. 303). — Hilbert: Abfallverwertung in der Stanzerei: (Werkstatt u. Betrieb 1936 Heft 15/16 S. 213). — Hilbert: Berechnen von Streifenbreiten und Stückzahlen (Werkstatt u. Betrieb 1936 Heft 21/22 S. 294).

[2]) Über den Werkstoffabfall bei Seitenschneidern berichtet Sieber in der Werkst.-Techn. 1929 Heft 20 S. 966.

des Beschneidemaßes gleichzusetzen. Bei zwei Seitenschneidern wird eine Anordnung schräg gegenüberliegender Schnittstellen — und zwar der eine Seitenschneider vor, der andere hinter dem Schnittstempel — gemäß Abschnitt A 1, Abb. 1 einer Anordnung in gleicher Höhe, wie in dieser Abb. 11, III ersichtlich ist, vorgezogen. Wird der Streifen von der linken Seite in das Werkzeug eingeführt, so ist der zuerst schneidende Seitenschneider an der Maschinenseite, der andere an der Bedienungsseite vorzusehen. Seitenschneiderwerkzeuge sind teurer in der Herstellung als solche

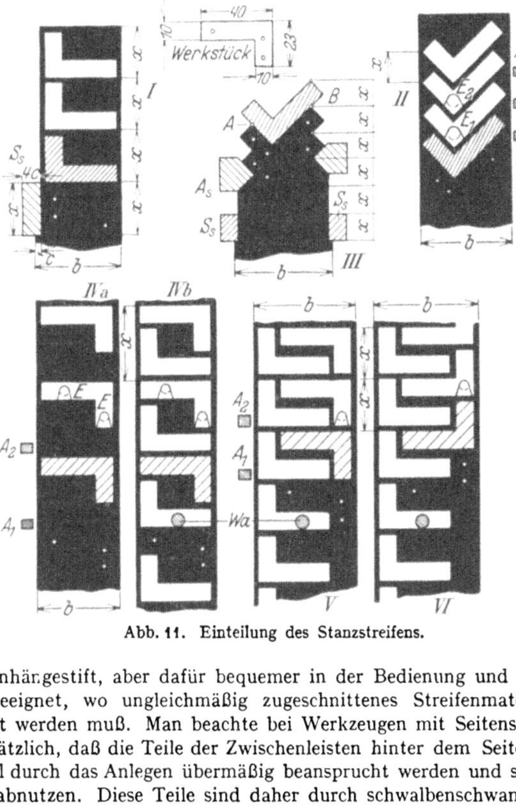

Abb. 11. Einteilung des Stanzstreifens.

mit Einhängestift, aber dafür bequemer in der Bedienung und besonders dort geeignet, wo ungleichmäßig zugeschnittenes Streifenmaterial verarbeitet werden muß. Man beachte bei Werkzeugen mit Seitenschneidern grundsätzlich, daß die Teile der Zwischenleisten hinter dem Seitenschnittstempel durch das Anlegen übermäßig beansprucht werden und sich daher leicht abnutzen. Diese Teile sind daher durch schwalbenschwanzförmiges Einsetzen gehärteter Stahlecken gegen Verschleiß zu schützen.

Bei einer schiefen Anordnung des auszuschneidenden Werkstückes im Streifen ist gemäß II die Streifeneinteilung eine erheblich günstigere. Zwischen den einzelnen Ausschnitten läßt man einen sog. Steg bestehen, der den Abfallstreifen zusammenhält. Bei zu schmalen Stegen wird, da die Stempel in der Matrizenöffnung etwas Spiel haben müssen, der Steg umkanten und in die Matrizenöffnung mit hineingezogen. Das Material wird dann abgequetscht. Die Schnittkanten der Werkzeuge werden infolge dieser Materialzerquetschung übermäßig beansprucht, abgestumpft und beschädigt. Die Schnitte fallen unsauber und schartig aus. Zu beachten ist hierbei, daß die Stegbreite durchaus nicht zur Werkstoffstärke in einem bestimmten Verhältnis stehen muß. Gerade sehr schwaches Material neigt leicht zum Knicken oder wölbt sich beim Einschieben in den Führungsschnitt nach oben, erfordert somit besonders breite Stege. Auch die Steglänge ist wesentlich für die Bemessung der Stegbreite. Bei Mehrfach-Scheibenschnitten sind die Stege kurz und können daher schmal sein im Gegensatz zum Ausschneiden längerer Streifen. Diese bedingen widerstandsfähigere und daher breitere Stege. Die Mindeststegbreiten[1]) sind aus folgender Tabelle IV zu entnehmen.

Tabelle IV. Mindeststegbreiten und Beschneidemaße für Seitenschneider.

Werkstoff	Werkstoffstärke *s* in mm	Mindeststegbreite für Steglänge unter 10 mm	Mindeststegbreite für Steglänge von 10 bis 80 mm	Seitenschneider-Beschneidemaß oder Mindeststegbreite für Steglänge über 80 mm
Stahlblech, Messingblech, Bronzeblech	0,2 bis 0,4	1,0 mm	1,5 mm	2,5 mm
	0,4 bis 0,6	0,6 mm	1,0 mm	1,5 mm
	0,6 bis 1,0	0,8 mm	1,5 mm	2,0 mm
	1,0 bis 1,5	1,0 mm	2,0 mm	2,5 mm
	über 1,5	1 *s*	1,2 *s*	1,5 *s*
Kupferblech, Zinkblech, Aluminiumblech	0,2 bis 0,5	2,0 mm	3,0 mm	4,0 mm
	0,5 bis 1,0	1,0 mm	2,0 mm	3,0 mm
	1,0 bis 1,5	1,5 mm	2,5 mm	3,5 mm
	über 1,5	1,2 *s*	1,5 *s*	2,0 *s*
Hartpapier	bis 0,4	2 mm	3 mm	5 mm
	0,4 bis 1,0	1,5 mm	2,5 mm	4 mm
Fiber, Dichtungsmat., Karton	über 1,0	2 *s*	2,5 *s*	3 *s*
Filz		1,0 *s* (mindest. 4 mm)	1,5 *s* (mindest. 6 mm)	—

Sind nur sehr geringe Stückzahlen herzustellen, so wird man den Streifen an den Einhängestift *E* anschlagen lassen, in den beim Weiterschieben des Streifens der Ausschnitt eingehängt wird. Die Einhängestifte[2]) sind mit einer Anschlagnase versehen und stehen nur wenige Millimeter über der Schnittplatte vor, um ein leichtes Aushängen und Weiterschieben des Streifens zu ermöglichen. Nach dem Einlegen eines Streifens wird der erste Ausschnitt Abfall sein, der zweite ist falsch gelocht, und erst der dritte fällt richtig aus. Bei größerer Stückzahl, also etwa bei über 200 Streifen, lohnt sich daher der Einbau von Anschneideanschlägen, deren Konstruktion unter Werkzeugblatt 5 und 6 näher beschrieben ist. Anschneideanschlag A_1 ist für den Vorlocher, A_2 für den Ausschnitt vorgesehen.

[1]) Unter AWF 5105, Bild 8, ist die Abhängigkeit der Stegbreite von der Werkstoffstärke graphisch dargestellt, allerdings ohne Berücksichtigung der Werkstoffart und der Steglänge.

[2]) Über die richtige und falsche Anordnung von Einhängestiften äußert sich Kurrein in seinem Aufsatze „Neue Wege zur Pressenarbeit" eingehend in der Werkst.-Techn. 1926 Heft 3 S. 94.

Beide Anschnittstellen müssen um die Teilung x voneinander entfernt liegen. Der Einhängestift E_1 ist hier sehr flach zu halten. Besser ist es in diesem Falle, noch einen dritten Anschneideanschlag A_3 vorzusehen und an Stelle des Einhängestiftes E_1 den Einhängestift E_2 um eine Teilungslänge x nach hinten zu setzen.

Ein fast abfalloses[1]) Schneiden zeigt die Anordnung III der Abb. 11, wobei auf ein sorgfältiges und festes Anlegen bzw. Einhängen des Streifens achtgegeben werden muß, soll nicht die äußere Seite des auszuschneidenden Winkels Absätze an den äußeren Schnittpunkten A und B der Abfallschneider As zeigen. Für solche Schnitte ist die Anordnung mit zwei Seitenschneidern Ss unerläßlich. Streifen unter 1,5 mm Stärke und leicht biegsamer Werkstoff, wie z. B. Leder, Karton, sind unter derartigen Schnitten nicht sauber zu bearbeiten. Dagegen ist das Ausschneiden von Vierkant- und Sechskantstücken für die Herstellung von Schraubenmuttern nach diesem Verfahren wirtschaftlich.

Ausführung IV zeigt eine Verteilung der Stücke auf den Streifen ähnlich wie I, jedoch als Wendeschnitt gedacht. In IVa ist der Streifen beim ersten, in IVb beim zweiten Durchlauf durch das Werkzeug angegeben. Der Streifen wird gemäß IVa zunächst bis vor den ersten Anschneideanschlag A_1 vorgeschoben und dort vorgelocht. Vor dem zweiten Anschneideanschlag wird der Schnitt ausgeführt, und erst bei der nächsten Arbeitsstufe kann der Streifen in einen oder mehrere Einhängestifte E eingelegt werden. Bei Wendeschnitten[2]) dieser Art sind zweckmäßig zwei Einhängestifte in der angegebenen Weise vorzusehen. Nachdem der ganze Streifen das Werkzeug durchlaufen hat, wird er um 180° in der Ebene gewendet. In den vordersten Stempelausschnitt wird der Wendeanschlag Wa eingehängt, der aus einem von einer Blattfeder in der Stempelführungsplatte gehaltenen Stift besteht und im Bedarfsfalle auf die Stempelführungsplatte herabgedrückt wird. Die Konstruktion ist im Werkzeugblatt 6 (Teil 18) angegeben. Die beiden nächsten Schnitte müssen gleichfalls unter Anlegen an den Wendeanschlag vorgenommen werden, erst dann ist ein fortlaufendes Schneiden unter Benutzung der Einhängestifte möglich.

Das Werkzeug für den Streifen V ist gleichfalls als Wendeschnitt vorgesehen. Die Ausnutzung des Werkstoffes ist hier noch günstiger. Einen weiteren Vorteil bietet diese Anordnung für den Einhängestift insofern, als dieser Stift derart seitlich angebracht werden kann, daß er nach dem Wenden niemals in einen Ausschnitt des ersten Streifendurchganges einfallen wird.

Die Ausführung VI ist schließlich der von V gleichwertig. Beim Wenden wird der Streifen nicht wieder in seiner horizontalen Ebene gewendet, sondern um die Längsachse des Streifens selbst gedreht.

Die Ausführung des Streifens[3]) bei den verschiedenen Ausführungen I bis VI ist in folgender Zusammenstellung gekennzeichnet; III, V und VI

[1]) Ein Sonderwerkzeug für das abfallose Stanzen nach Abb. 11, III, ist in Masch.-Bau 1934 Heft 13/14 S. 374 beschrieben.

[2]) Ein gutes Beispiel für einen Wendeschnitt mit 2 Anschlägen zeigt Göhre in seinem Buch: Schnitte und Stanzen (Leipzig 1927) auf S. 85—87. — Ein anderes Beispiel ist in der Werkst.-Techn. 1927 Heft 17 S. 489 Abb. 4 bis 6 angegeben.

[3]) Weitere Beispiele für eine zweckmäßige Ausnutzung des Streifens finden sich u. a.: 1. Kaczmarek: Die moderne Stanzerei (Berlin 1929) S. 56—59. — 2. Masch.-Bau 1927 Heft 13 S. 669. — 3. Leifer: Einfluß der Fertigung auf die konstruktive Gestaltung. Masch.-Bau 1927 Heft 16 S. 789. — 4. Schröder: Die Aufteilung von Bändern und Tafeln. Werkst.-Techn. 1925 Heft 3 S. 121. — 5. AWF E 5105, Bild 9—14.

Tabelle V. Zusammenstellung der Streifenteilung für das in der Abb. 11 angegebene Werkstück.

Ausführung	Vorschub x mm	Streifenbreite b mm	Flächenanteil pro Schnitt cm²	Ausnutzung des Werkstoffes %
I	27	48	13,0	41
II	17	50	8,5	62
III	14	53	7,4	72
IV	40 (20)	44	8,8	60
V und VI	25 (12,5)	57	7,1	75

erfordern den geringsten Streifenraum pro Schnitt und sind daher am wirtschaftlichsten.

Bei großzügiger Massenanfertigung lassen sich zwecks guter Werkstoffausnutzung oft verschiedene gleich starke Teile im Streifen nebeneinander anordnen. Nicht nur der Werkstoff wird besser ausgenutzt, sondern es wird auch erheblich an Arbeitszeit gespart. Die Werkzeugunterteile sind mit besonderen Abfallrinnen für die einzelnen unterschiedlichen Teile auszustatten, um Nachlesearbeit zu ersparen.

4. Führungsschnitt mit Vorlocher[1]).

(Werkzeugblatt 3 und 4.)

Das Herstellen von gelochten Werkstücken geschieht unter Gesamtschnitten, wenn die Werkstücke sehr genau ausfallen müssen, andernfalls genügen Führungsschnitte mit Vorlocher[2]). Die letzteren Schnitte sind wesentlich billiger und werden daher auch meist bevorzugt. Die Ungenauigkeit hängt vor allen Dingen ab von der Stärke des Materials einerseits, von der Ausführung der Anschläge andererseits und schließlich auch von der Geschicklichkeit und Sorgfalt des Arbeiters selbst. Sehr schwache Blechstreifen, also solche unter 0,2 mm Stärke, ferner dünnes Hartpapier und Metallfolie weisen eine größere Ungenauigkeit auf bei der Bearbeitung unter derartigen Werkzeugen als stärkeres Material, und zwar beträgt der Ausschuß bei dünner Metallfolie oft bis zu 10%, wenn man eine Toleranz des Abstandes der vorgelochten Löcher vom Schnittumfang mit $\pm 0,5$ mm etwa bemißt. Deshalb sollte man für sehr schwachen Werkstoff Vorlochwerkzeuge überhaupt nicht anwenden und Gesamtschnitte bevorzugen (s. Werkzeugblätter 9 und 10). Die Anordnung von Einhängestiften ist unter Abb. 11 beschrieben und hängt von der Einteilung des Stanzstreifens ab. Diese Stifte dienen beim Einschieben des Streifens diesem zunächst als Anschlag, wenn kein besonderer Anschneideanschlag vorgesehen ist. Sie werden meist in Form überstehender Zylinderstifte, häufiger jedoch hakenförmig ausgeführt und sind an ihrem überstehenden Teil abgeflacht. Dort sind sie so niedrig zu halten, daß der ausgestanzte Streifen bequem

[1]) Einige Beispiele finden sich in: Kaczmarek: Die moderne Stanzerei (Berlin 1929) S. 22 Abb. 23. — Litz: Spanlose Formung (ADB Bd. IV, Berlin 1926) S. 73 Führungsschnitt mit Vorlocher ohne Seitenschneider und S. 75 dasselbe mit Seitenschneider. — In der Werkst.-Techn. 1929 sind in Heft 20 auf S. 969 derartige Führungsschnitte angegeben. — In der Werkst.-Techn. 1934 Heft 24 S. 491 ist ein Vorlochschnitt für die Herstellung von Federringen beschrieben.

[2]) In Machinery 1931 S. 524 ist eine Einrichtung beschrieben, welche gestattet, die Vorlocher je nach Bedarf durch Ausschalten unwirksam zu machen.

über sie hinübergeführt werden kann. Eine seitliche Ansicht des Einhängestiftes ist unter Werkzeugblatt 4 (Teil 12) angegeben.

Bemerkenswert sind die Konstruktionen schwacher Stempel[1]). In der Ausführung A wird die Schutzhülse wie ein Stempel eingesetzt und in ihr

Führungsschnitt mit Vorlocher	Werkzeugblatt 3

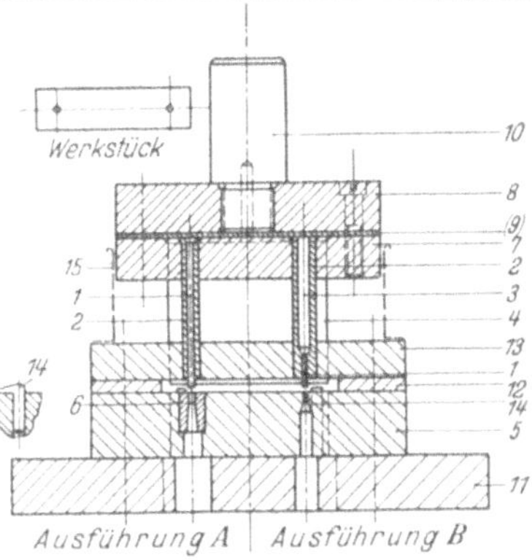

Pos.	Gegenstand	Werkstoff	Norm	Bemerkungen
1	Lochstempel	Werkzeugstahl s. Tab. XV/XVI		gehärtet
2	Schutzhülse	St 50·11		
3	Füllstift	St 50·11	DIN 7	
4	Schnittstempel	Werkzeugstahl s. Tab. XV/XVI		gehärtet
5	Schnittplatte			
	Ausführung A	St 50·11	AWF 5904	
	„ B	Werkzeugstahl s. Tab. XV/XVI		gehärtet
6	Matrizeneinsatzbüchse .	Werkzeugstahl s. Tab. XV/XVI		gehärtet
7	Stempelaufnahmeplatte	St 42·11		
8	Stempelkopf	St 42·11	AWF 5903	
(9)	Druckplatte	blauhartes Gußstahlblech		nur bei hohen Stempeldrücken
10	Einspannzapfen	St 42·11	AWF 5901 DIN 810	
11	Grundplatte	St 42·11	AWF 5904	
12	Zwischenlage	St 42·11		
13	Führungsplatte	St 42·11, St 50·11		
14	Einhängestifte.	St 42·11		
15	Schutzkorb	St 42·11		

wiederum der Stempel selbst, der am oberen Ende zur Befestigung in der Stempelaufnahmeplatte nach Art einer Nietung angestaucht ist. Der Stempel ragt aus der Schutzhülse etwa um das 2,5fache der Blechstärke hervor.

[1]) Siehe hierzu die Berechnung der Stempel auf Knickfestigkeit unter Berücksichtigung ihrer Länge gemäß Abschnitt A 5, Zahlentafel III dieses Buches. Gemäß AWF 5105 wird das Einsetzen schwacher Stempel nur dort empfohlen, wo der Schnittstempel das 1,5fache der Werkstoffstärke unterschreitet.

In der Ausführung B ist eine andere Art der Schutzhülse gezeigt, und zwar ist der Stempel nur kurz bemessen und im unteren Teile der Hülse eingesetzt (Teil 1). Der übrige Hohlraum der Schutzhülse (Teil 2) wird durch einen Stift (Teil 3) ausgefüllt. Erstere Ausführung A wird in der Regel bevorzugt, zumal der Stempel in der Schutzhülse auf eine größere Länge geführt ist.

Führungsschnitt mit Vorlocher und Einhängestift	Werkzeugblatt 4

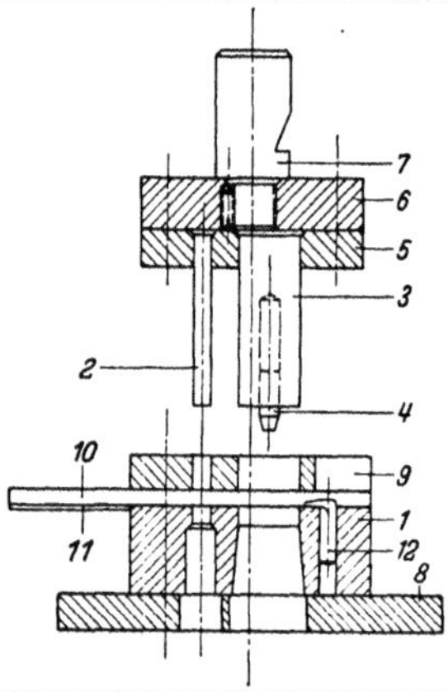

Pos.	Gegenstand	Werkstoff	Norm	Bemerkungen
1	Schnittplatte	Werkzeugstahl s. Tab. XV/XVI	AWF 5904	gehärtet
			AWF 5101	
2	Lochstempel			
3	Ausschnittstempel . . .			
4	Zentrierstift	St 50·11		
5	Stempelaufnahmeplatte	St 42·11		
6	Stempelkopf	St 42·11	AWF 5903	
7	Einspannzapfen	St 42·11	AWF 5901	
			DIN 810	
8	Grundplatte	St 42·11	AWF 5904	
9	Führungsplatte	St 42·11, St 50·11		
10	Zwischenlage	St 42·11		
11	Anlegeblech	St 42·11		
12	Einhängestift	St 42·11, St 50·11		

Sind nur sehr kleine Bohrungen in der Schnittplatte vorhanden, so kann man hierzu einen weniger wertvollen Stahl verwenden und besondere Schnittbüchsen (Teil 6) einfügen. Dies empfiehlt sich schon deswegen, da bei nicht zu starken Blechen kleine Stempel eine viel größere spezifische Flächenbeanspruchung der Schnittplatte bedingen als große Stempel. Es wäre deshalb unwirtschaftlich, würde man nur infolge der frühzeitigen Abnutzung der kleinen Bohrungen entweder die ganze Schnittplatte aus besonders hochwertigem Stahl herstellen oder bei Verwendung eines minder guten Werkstoffes dieselbe nach kurzer Dauer erneuern. Man kann deshalb die Regel aufstellen, daß bei häufig gebrauchten Schnitten, deren

Stempel teilweise einen kleineren Durchmesser als das Fünffache der Blechstärke aufweisen, besondere Schnittbüchsen aus hochwertigem Stahl einzusetzen sind. Dieselben werden auf Preßsitz in das Unterteil eingeschlagen. Bei Schnitten, welche keine übermäßige Lebensdauer auszuhalten brauchen, wird man auch ohne die Verwendung derartiger Büchsen arbeiten können.

Es empfiehlt sich, bei größeren Verlochungen in den Schnittstempel Zentrierzapfen — sog. Suchstifte[1]) — einzusetzen, wie dies unter Werkzeugblatt 4 (Teile 3 und 4) dargestellt ist. Hierdurch wird eine größere Genauigkeit erzielt. Zentrierstifte sollen jedoch nur dann Verwendung finden, wenn die Vorlochung größer als 3 mm ist. Die überstehende Länge der Zentrierzapfen soll mindestens 4 mm, jedoch keineswegs über 12 mm betragen. Der Fuß des am Stempel sitzenden Zentrierzapfens ist zylindrisch auszuführen, und zwar mindestens bis auf das Doppelte der Blechstärke. Der anschließende Teil verläuft konisch oder abgerundet bis zur Spitze.

Statt des Einhängestiftes wird häufig der unter Werkzeugblatt 5 noch näher beschriebene Hakenanschlag verwendet. In der Herstellung allerdings teurer, aber beliebter ist für derartige Schnitte mit Vorlocher die Anordnung von Seitenschneidern aus den unter Abschnitt B3 erwähnten Gründen.

5. Führungsschnitt mit Hakenanschlag.

(Werkzeugblatt 5.)

Ein ähnliches Werkzeug, wie es unter Werkzeugblatt 3 und 4 angegeben ist, zeigt das vorliegende Werkzeugblatt, nur ist an Stelle der Einhängestifte ein Hakenanschlag[2]) vorgesehen. Die Stempelhalteplatte ist zu diesem Zweck nach hinten — also zur Maschinenständerseite zu — verlängert ausgeführt und trägt den Anschlagbolzen (Teil 12), in diesem Falle einen Gewindestab mit zwei Sechskantmuttern zur Veränderung der Bolzenlänge. Dieser Bolzen trifft auf die waagerecht umgebogene Fläche des Hakenanschlages (Teil 10), der um einen Stift (Teil 13) schwenkbar ist. Der andere Schenkel des Hakenanschlages, welcher in einer schlitzförmigen Aussparung der Stempelführungsplatte (Teil 7) nach oben und unten bewegt werden kann, liegt auf der Schnittplatte (Teil 6) auf und wird mittels einer Feder (Teil 11) stetig herabgedrückt. Beim Niedergang des Stempels wird der Anschlagbolzen auf den Haken stoßen und dessen anderen Schenkel, der als Streifenanlage dient, lüften. Nunmehr kann der Stanzstreifen nach erfolgtem Schnitt weitergezogen werden, bis der zurückfallende Hakenanschlag auf den Steg des inzwischen weitergeschobenen Streifens bzw. in den nächsten Abschnitt desselben fällt und somit als Anlage des Streifens für die nächste Arbeitsstellung dient.

Wird der eingeführte Streifen an den Hakenanschlag angelegt, so fällt beim ersten Schnitt ein ungelochtes Stück ab. Durch Anordnung eines

---

[1]) In der Werkst.-Techn. 1927 Heft 16 S. 481 Abb. 1—4 ist ein ähnlicher Führungsschnitt mit Suchstiften wie Werkzeugblatt 4 angegeben, der zum Ausschneiden von starken Filzringen dient. Zu diesem Zweck wird über den Filz ein 0,5 mm starkes Eisenblech gelegt, das gleichzeitig mit ausgeschnitten wird. Auf Grund eingehender Versuche soll sich dieses Verfahren für den vorliegenden Zweck am besten bewährt haben.

[2]) Einige Beispiele hierzu zeigen: Kaczmarek: Die moderne Stanzerei (Berlin 1929) S. 22 Abb. 23; siehe ferner AWF 5102.

Anschneideanschlages zwischen Vorlocher und Ausschnittstempel wird dieses vermieden. Einen einfachen aus Flachstahl hergestellten Anschneideanschlag, wie er vom AWF[1]) empfohlen wird, zeigt vorliegendes Werkzeugblatt (Teil 14). Dieser wird unter Einlage einer Spiralfeder in die Zwischenleiste eingesetzt, nachdem diese entsprechend ausgearbeitet wurde. Es ist

Führungsschnitt mit Hakenanschlag	Werkzeugblatt 5

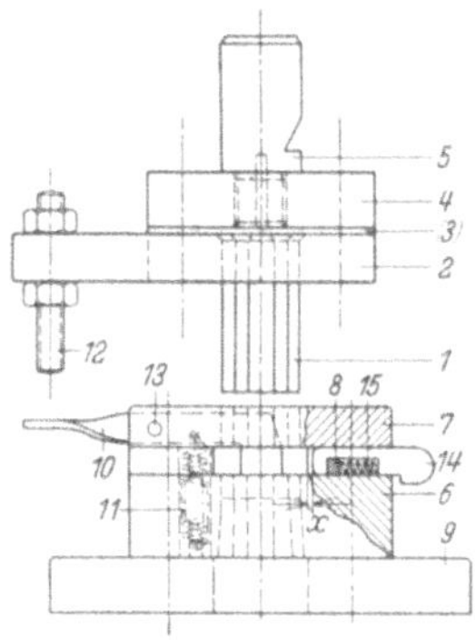

Pos.	Gegenstand	Werkstoff	Norm	Bemerkungen
1	Schnittstempel	Werkzeugstahl s. Tab. XV/XVI		gehärtet
2	Stempelaufnahmeplatte	St 42·11		
(3)	Druckplatte	blauhartes Gußstahlblech		nur bei hohen Stempeldrücken
4	Stempelkopf	St 42·11	AWF 5903	
5	Einspannzapfen	St 42·11	AWF 5901	
6	Schnittplatte	Werkzeugstahl s. Tab. XV/XVI	AWF 5904	gehärtet
7	Führungsplatte	St 42·11, St 50·11		
8	Zwischenlage	St 42·11		
9	Grundplatte	St 42·11	AWF 5904	
10	Hakenanschlag	St 42·11	AWF 5102	
11	Spiralfeder	Federstahl	DIN 2075	
12	Gewindebolzen	St 42·11	DIN 938 bis 942	
13	Zylinderstift	St 50·11	DIN 7	
14	Anschneideanschlag	St 42·11	AWF 514	
15	Spiralfeder	Federstahl	DIN 2075	

bei der Zusammensetzung des Werkzeuges darauf zu achten, daß zwar der Anschneideanschlag nicht klemmt, aber auch in seiner Höhe – also zwischen Schnittplatte und Führungsplatte – kein größeres Spiel als eine halbe Blechstärke aufweist, damit nicht der eingeschobene Blechstreifen unter den Anschlag hindurchgezogen werden kann. Die vordere Kante des Anschneideanschlages muß in dessen entspannter Lage um mindestens $x = 1$ mm hinter der Streifenführung zurückstehen.

[1]) Siehe hierzu AWF Schnittnorm E 5105, Bild 4.

6. Führungsschnitt mit Zentrierschieber und Anschneideanschlag.

(Werkzeugblatt 6.)

Eine andere Ausführung des Anschneideanschlages, als wie er unter dem vorhergehenden Werkzeugblatt 5 angegeben wurde, besteht aus einem Stück vierkantigen Stahles (Teil 14), das mittels eines Bolzens (Teil 16) in der Bohrung der Zwischenplatte (Teil 10) geführt wird und unter Federdruck (Teil 15) steht, so daß die Streifenbahn hierdurch nicht behindert

Führungsschnitt mit Zentrierstempel und Anschneideanschlag	Werkzeugblatt 6

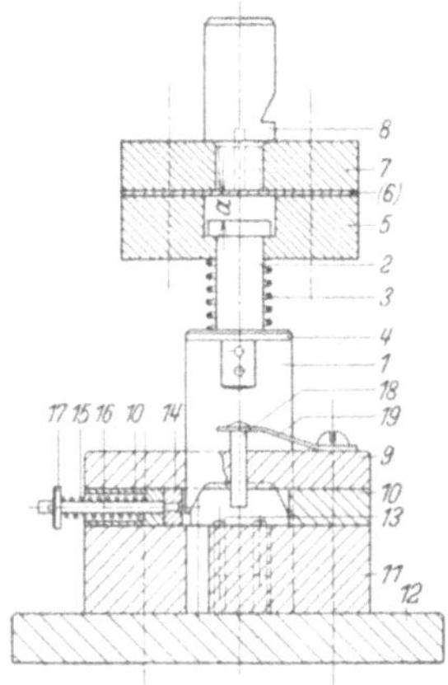

Pos.	Gegenstand	Werkstoff	Norm	Bemerkungen
1	Zentrierstempel	St 50·11		
2	Bolzen	St 42·11		
3	Spiralfeder	Federstahl	DIN 2075	
4	Scheibe.	St 42·11	DIN 1440	
5	Stempelaufnahmeplatte	St 42·11		
(6)	Druckplatte	blauhartesGußstahlblech		nur bei hohen Stempeldrücken
7	Stempelkopf	St 42·11	AWF 5903	
8	Einspannzapfen	St 42·11	AWF 5901 DIN 810	
9	Führungsplatte	St 42·11; St 50·11		
10	Zwischenlage	St 42·11		
11	Schnittplatte	Werkzeugstahl s. Tab. XV/XVI	AWF 5904	gehärtet
12	Grundplatte	St 42·11	AWF 5904	
13	Einhängestifte.	St 42·11		
14	Anschneideanschlag . .	St 42·11		
16	Spiralfeder	Federstahl	DIN 2075	
15	Stift	St 42·11		
17	Unterlegscheibe	St 42·11	DIN 1440	
18	Wendeschnittanschlag .	St 42·11; St 50·11		
19	Blattfeder	Federstahl		

wird[1]). Nur beim Anschneiden wird der Bolzen nach innen durchgedrückt und bewirkt somit das Anschlagen des Streifens für den ersten Schnitt bzw. für das Vorlochen.

Wird die Lage des Streifens zur Schnittstelle weder durch Seitenschneider noch durch seitliche Federdruckstücke gemäß Abb. 9 Abschnitt A8 eindeutig bestimmt oder kommt Bandeisen in seiner vollen Breite zur Verarbeitung, so kann bei Vorloch- und Trennschnitten der Streifen zwischen den einzelnen Arbeitsgängen sehr leicht seitlich verschoben werden, so daß die Lochungen von den Umfangslinien des Ausschnittes verschieden weit entfernt liegen. Um dies zu vermeiden, empfiehlt sich die Verwendung von gabelförmig ausgearbeiteten Zentrierschiebern[2]) (Teil 1), welche an der Stempelaufnahmeplatte (Teil 5) befestigt und gegen diese abgefedert (Teil 3) sind. Gleichzeitige Schnittarbeit können derartige Zentrierschieber selbstverständlich nicht ausführen[3]). Man darf hierbei nicht vergessen, für die vorstehenden abgeschrägten Zentrierspitzen (des Teiles 1) in der Schnittplatte (Teil 11) entsprechende Bohrungen vorzusehen. Zur Rückfederung des Zentrierstempels muß in der Kopfplatte ein genügender Abstand *a* zwischen dem Bolzenkopf (Teil 2) und der Stempeldruckplatte (Teil 5) verbleiben.

Über die Anordnung des Anschneideanschlages für Wendeschnitte ist unter Abschnitt B 3 Verschiedenes gesagt worden. Die Bauarten dieser Anschläge sind unterschiedlich. Am billigsten ist die hier gezeigte Ausführung[4]). In einer Bohrung der Stempelführungsplatte ist ein kurzer Stift (Teil 18) geführt, der mittels einer auf der Führungsplatte angeschraubten, nach oben gebogenen Blattfeder hochgehalten wird. Beim Anschneiden wird der Stift mit dem Finger nach unten gedrückt, bis er auf die Schnittplatte stößt. In anderen Fällen verwendet man Anschlagstifte, die in der Schnittplatte versenkt angebracht sind und im Falle des Bedarfes unter Überwindung eines Federdruckes durch Keile, Stirnexzenter oder Kurvenstücke emporgehoben werden. Besonders dort, wo mehrere Stifte in Frage kommen, ist diese Bauart zweckmäßig. Eine andere Art des Anschlages für den Stanzstreifen bzw. dessen Ausbrüche ist der Blechstreifenanschlag. Derselbe besteht aus einem an der Schnitt- oder Aufspannplatte angeschraubten Federstahlband, das so gelagert ist, daß seine nach oben gebogene Blattspitze die richtige Anschlagstellung zum Begrenzen des Streifenvorschubes einnimmt[5]). Am günstigsten ist es, den Wendeschnittanschlag

---

[1]) Göhre: Schnitte und Stanzen (Leipzig 1927) bringt auf S. 39 Abb. 38 ein ähnliches Werkzeug. Eine federnde Leiste, ähnlich den Federdruckstücken gemäß Abb. 9 dieses Buches, dient gleichzeitig als Anschneideanschlag.

[2]) Kaczmarek gibt in seinem Buch: Die moderne Stanzerei (Berlin 1929) auf S. 27 unter Abb. 38 eine andere Art der Zentrierung an, die aus einem Paar seitlich angeordneter keilförmiger Druckleisten besteht, welche durch Federdruck zentrisch zusammengezogen werden und zwischen denen der Stanzstreifen liegt. Siehe in Übereinstimmung hierzu auch Göhre: Schnitte und Stanzen (Leipzig 1927) S. 97 Abb. 110. Eine ganz andere Lösung mittels Rollenführung — gleichzeitig als Vorschubapparat verwendbar — ist in Machinery 1931 S. 522 angegeben.

[3]) Eine andere sinnreiche Vorrichtung zum Ausmitten des Blechstreifens in Stanzwerkzeugen mittels zweier durch Spiralfederzug einwärts gepreßter Führungsleisten wird in der Werkst.-Techn. 1934 Heft 23 auf S. 472 beschrieben.

[4]) Siehe AWF 5105. Dort ist unter Bild 12 eine ähnliche, unter Bild 11 eine andere, etwas kostspieligere Lösung angegeben, die jedoch eine Bedienung des Anschneideanschlages nicht von oben, sondern von der Seite aus gestattet, was vorteilhaft erscheinen dürfte.

[5]) Ein Konstruktionsbeispiel hierfür ist in der Werkst.-Techn. 1933 Heft 20 S. 405 angegeben.

überhaupt zu sparen und für den zweiten Streifendurchlauf die gleichen Anschneideanschläge und Einhängestifte zu verwenden wie beim ersten. Das setzt jedoch voraus, daß die Streifen kurz — also nicht über 1 m Länge — und genau auf Länge rechtwinklig zugeschnitten sind. Es ist in jedem einzelnen Falle abzuwägen, ob die Voraussetzungen hierzu gegeben sind, ohne daß hierdurch bedingte Mehrkosten entstehen.

Trennschnitt	Werkzeugblatt 7

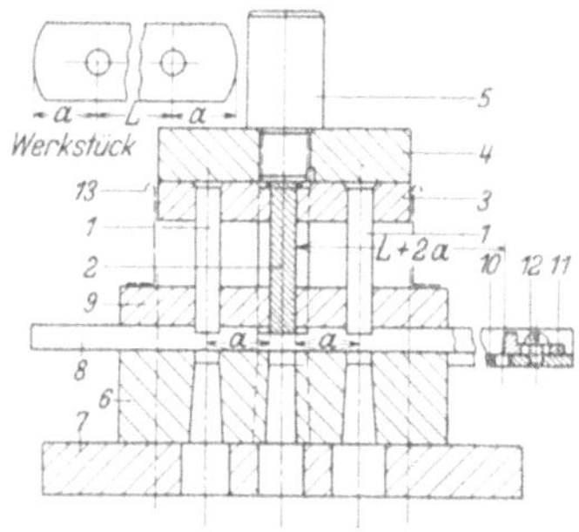

Pos.	Gegenstand	Werkstoff	Norm	Bemerkungen
1	Lochstempel	Werkzeugstahl s. Tab. XV/XVI		gehärtet
2	Trennstempel	Werkzeugstahl s. Tab. XV/XVI		
3	Stempelaufnahmeplatte	St 42·11		
4	Stempelkopf	St 42·11	AWF 5903	
5	Einspannzapfen	St 42·11	AWF 5901 DIN 810	
6	Schnittplatte	Werkzeugstahl s. Tab. XV/XVI	AWF 5904	gehärtet
7	Grundplatte	St 42·11	AWF 5904	
8	Zwischenlage	St 42·11		
9	Führungsplatte	St 42·11, St 50·11		
10	Streifenauflage	St 42·11		
11	Anlagewinkel	St 42·11		
12	Rundkopfschraube . . .	St 42·11	DIN 81	
13	Schutzkorb	St 42·11		

7. Führungstrennschnitt mit Vorlocher.

(Werkzeugblatt 7.)

Diese Trennschnitte[1]), die in der Praxis auch als Abhackschnitte bezeichnet werden, führt man in der Regel als Universalwerkzeuge für verschiedene Längen aus. Sie kommen insbesondere für Hebelstücke, Zugstangen usw. in Frage, welche, aus Bandeisen bestehend, an beiden Enden irgendwie abgerundet werden und im gleichen Abstand *a* vom Ende mit

[1]) Siehe hierzu folgende Beispiele: Kaczmarek: Die moderne Stanzerei (Berlin 1929) S. 26 Abb. 29—33. — Litz: Spanlose Formung (ADB Bd. IV, Berlin 1926) S. 81. — Göhre: Schnitte und Stanzen (Leipzig 1927) S. 94 Abb. 107ff. — Werkzeugmasch. 1929 Heft 5 S. 128. — Preuß: Trennschnitt für Messinglaschen (Werkstatt u. Betrieb 1935 S. 49).

Bohrungen versehen sind. Die Länge L des Werkstückes kann verschieden eingestellt werden, indem man einmal den Anschlag (Teil 11) mit der Schraube (Teil 12) in den verschiedenen mit Gewinde versehenen Bohrungen der Anschlagschiene (Teil 10) befestigt und außerdem durch eine Verschiebung im Schlitzloch des Anschlagwinkels (Teil 11) eine feinere Abstufung der Abhacklänge erhält. Zur Herabsetzung der auf die Schnittplatte wirkenden Kräfte läßt man die beiden Vorlochstempel gegenüber dem Trennstempel etwa um 2 mm vorstehen. Man wird aus Gründen der Materialersparnis den Abhackschnitt an der Trennstelle möglichst schwach bemessen. Es empfiehlt sich jedoch, die geringste Stärke des Trennstempels nicht geringer als das Doppelte der Blechstärke zu halten. Es ist selbstverständlich, daß der Abhackstempel (Teil 2) die Streifenbreite um mindestens 2 mm zu beiden Seiten überragt.

Bei Bandeisenmaterial, für welches die Abhackschnitte meist in Frage kommen, wird sich eine besondere Zentriervorrichtung empfehlen, wobei man je einen Zentrierstempel (s. Werkzeugblatt 6, Teil 1) vor und hinter die Vorlocher vorsieht.

Abhackschnitte dieser Art werden sehr häufig, wie hier gezeigt, mit Lochstempeln vor und hinter dem Trennstempel versehen. Dabei kann man eine Abstandsänderung zwischen den Stempeln erreichen, wenn man diese ebenso wie ihre zugehörigen Schnittbüchsen prismatisch führt und somit eine Verstellbarkeit erreicht. Werkzeuge dieser Art[1]) sind allerdings ziemlich kostspielig.

8. Zusammengesetztes Folgeschnittwerkzeug[2]).

(Werkzeugblatt 8.)

Es gibt eine ganze Reihe teilweise komplizierter aus Blech gefertigter Gegenstände, welche auf einem einzigen Werkzeug unter einer gewöhnlichen Presse in einem Arbeitsgang vom Streifen hergestellt werden, und zwar derart, daß verschiedene Operationen nacheinander vorgenommen werden, wobei inzwischen der Streifen um die Teilung a vorgeschoben wird.

Im Werkzeugblatt 8 ist die Herstellung einer Lötöse[3]) nach dieser Art dargestellt.

Unter der Operation I geschieht das Vorlochen. Bei II wird ein Teil des inneren Umfanges ausgeschnitten, und zwar die zwischen den Punkten x und y ausschraffierte Fläche. Der Einzug des Näpfchens[4]) geschieht bei III, wobei zunächst ein nach Art eines Niederhalters vorgesehener Ringstempel unter starker Federspannung am Umfang der Tiefung aufsitzt, und an-

---

[1]) Ein Schnittwerkzeug mit veränderlichem Stempelabstand ist in der Masch.-Bau 1934 Heft 5/6 S. 146 beschrieben.

[2]) Beispiele werden u. a. gezeigt von Litz: Spanlose Formung (ADB Bd. IV, Berlin 1926) S. 86—88. — Werkst.-Techn. 1923 Heft 8 S. 245; 1927 Heft 18 S. 536 Abb. 1—5; 1927 Heft 20 S. 596 Abb. 1—3. — Über die Herstellung von Reißzwecken auf derartigen Werkzeugen gibt Mayr in der Werkst.-Techn. 1926 Heft 9 S. 273 einige Winke. — In Werkstatt u. Betrieb 1935 S. 80 wird ein Folgeschnittwerkzeug zur Herstellung gelochter Kapseln gezeigt. — Ein ähnliches Werkzeug zur Herstellung von Polklemmenbügeln für Radioempfänger ist in der Werkst.-Techn. 1933 Heft 9 S. 187 beschrieben.

[3]) Ein ganz anderes Folgeschnittwerkzeug für Lötösen zeigt Eysen in der Werkst.-Techn. 1927 Heft 15 S. 433 Abb. 1—8. Siehe ferner Machinery, Dezember 1930 S. 279.

[4]) Tief zu ziehende Näpfchen können auf solchen Werkzeugen hergestellt werden in der Weise, daß nach jedesmaligem Weiterschieben, also unter jeder neuen Arbeitsstufe, ein weiteres Nachdrücken der Tiefung herbeigeführt wird. Im letzten Arbeitsgang erfolgt der Abschnitt. Siehe hierzu auch Schubert: Stanz-, Zieh- und Prägetechnik (Leipzig 1931) S. 104 Abb. 76.

schließend beim weiteren Niedergang des Stempels die Tiefung erzeugt wird. Bei *IV* wird das ganze Werkstück um den äußeren Lappen rechtwinklig nach unten umgebogen und schließlich bei *V* von dem noch am Streifen befindlichen Teil endgültig abgetrennt. Entweder befindet sich

Folgeschnittwerkzeug — Werkzeugblatt 8

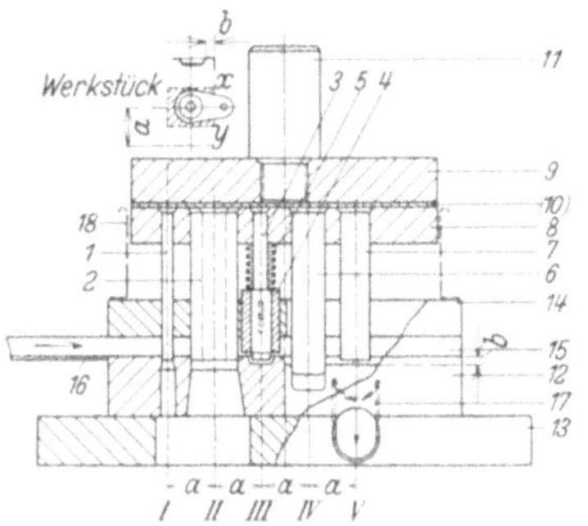

Pos.	Gegenstand	Werkstoff	Norm	Bemerkungen
1	Lochstempel	Werkzeugstahl s. Tab. XV/XVI		gehärtet
2	Vorschneidstempel	(wie 1)		
3	Prägestempel	Werkzeugstahl s. Tab. XIX/XX		gehärtet
4	Blechhalter	St 42·11, St 50·11		
5	Spiralfeder	Federstahl	DIN 2075	
6	Biegestempel	Werkzeugstahl s. Tab. XVII/XVII		gehärtet
7	Abschneidestempel	Werkzeugstahl s. Tab. XV/XVI		gehärtet
8	Stempelaufnahmeplatte	St 42·11		
9	Stempelkopf	St 42·11	AWF 5903	
(10)	Druckplatte	blauhartes Gußstahlblech		nur bei hohen Stempeldrücken
11	Einspannzapfen	St 34	AWF 5901 DIN 810	
12	Schnittplatte	Werkzeugstahl s. Tab. XV/XVI	AWF 5904	gehärtet
13	Grundplatte	St 42·11	AWF 5904	
14	Führungsplatte	St 42·11, St 50·11		
15	Zwischenlage	St 42·11		
16	Streifenauflage	St 42·11		
17	Abfallrinne	St 42·11		
18	Schutzkorb	St 42·11		

unter dem Abschneider eine Abschrägung im Werkzeug, auf der die vom Streifen abgefallenen Stücke in ein Magazin abrutschen können, oder es ist ein kurzes halbiertes Rohrstück (Teil 17) derart eingesetzt, daß die abgeschnittenen Teile auf dasselbe fallen und aus dem Werkzeug seitlich herausrutschen.

Derartige Werkzeuge sind für die Fabrikation außerordentlich zeitersparend, in ihrer Unterhaltung und Herstellung jedoch nicht immer billig. Je mehr bewegliche und schneidende Teile in einem Werkzeug vereinigt sind, um so größer ist die Bruchgefahr, weshalb man gerade hier schon aus Sicherheitsgründen an der Güte des Werkstoffes nicht sparen darf. Die Hauptschwierigkeit bei derartigen Werkzeugen ist die, daß die einzelnen Werkzeuge aus Materialersparnisgründen äußerst eng gestellt und deshalb schwach bemessen werden müssen. Man hat deshalb in solchen Fällen die Vorkehrung getroffen, daß man den Abstand *a* der einzelnen Werkzeuge im Folgeschnitt voneinander doppelt oder gar dreifach so groß wählt als den Streifenvorschub. Pressen, die mit solchen Werkzeugen und Walzenzuführapparaten für Streifenmaterial ausgestattet sind, arbeiten als automatische Maschinen.

9. Offener Gesamtschnitt.

(Werkzeugblatt 9.)

Die Gesamtschnitte, die heute meist als austauschbare Bestandteile von Säulengestellen ausgebildet werden, sind diejenigen Schnittwerk-

Offener Gesamtschnitt | Werkzeugblatt 9

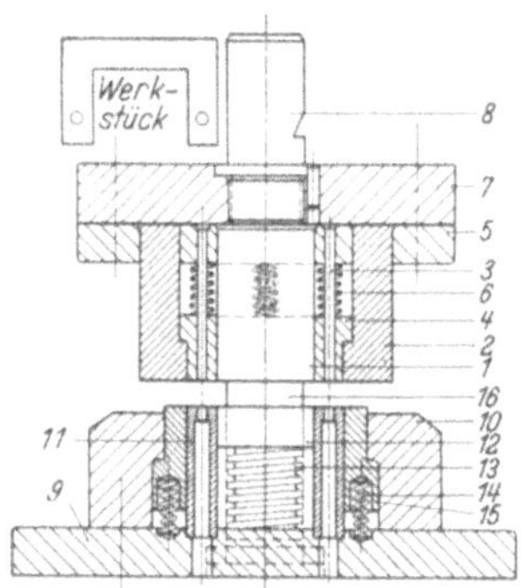

Pos.	Gegenstand	Werkstoff	Norm	Bemerkungen
1	Ausschneidestempel . .	Werkzeugstahl s. Tab. XV/XVI		gehärtet
2	Randschnittstempel . .			
3	Lochstempel			
4	Auswerfer	St 42·11, St 50·11		
5	Stempelaufnahmeplatte	St 42·11		
6	Spiralfedern.	Federstahl	DIN 2075	
7	Stempelkopf	St 42·11, St 50·11	AWF 5905	
8	Einspannzapfen	St 42·11	AWF 5901 DIN 810	
9	Grundplatte	St 42·11	AWF 5905	
10	Sockelring	St 42·11		
11	Schnittstempel des Unterteiles	Werkzeugstahl s. Tab. XV/XVI		gehärtet
12	Innerer Auswerfer . .	St 42·11, St 50·11		
13	Spiralfeder	Federstahl	DIN 2075	
14	Spiralfeder	Federstahl	DIN 2075	
15	Äußerer Auswerfer. . .	St 42·11, St 50·11		
16	Führungssäule.	ECN 35	AWF 5905	im Einsatz gehärtet

zeuge, welche die genaueste Arbeit gewährleisten. Ihre Anwendung ist jedoch beschränkt auf Teile, bei welchen genügend Material zwischen den einzelnen Schnittkanten stehenbleibt, da die einzelnen Schnittelemente gewisse Mindestwandstärken erfordern. So können beispielsweise die Matrizenteile (Teil 11) nicht zu schwach bemessen werden. Eine Mindestwandstärke von 3 mm soll dort auch für schwachen Werkstoff tunlichst nicht überschritten werden.

Die Arbeitsweise des vorliegenden offenen Gesamtschnittes[1]) für ein Kleintransformatorenblech ist folgende. Das aufgelegte Blech wird zunächst mittels des Außenstempels (Teil 2) an der Matritze (Teil 11) abgeschnitten und gegen den gefederten Auswerfer (Teil 14) heruntergedrückt. In gleicher Weise schneidet der Innenstempel (Teil 1) unter Herabdrücken des mittleren Auswerfers (Teil 12) die innere Seite des Werkstückes aus. Das Werkstück wird durch den abgefederten Blechhalter (Teil 3) gehalten. In diesem Beispiel dienen die Stempel am oberen Teile gleichzeitig zur Zentrierung der Auswerferfedern.

Für die Unterhaltung derartiger Gesamtschnitte ist eine zeitweise Schmierung der aufeinander gleitenden Flächen unerläßlich. Als Toleranzen für die Herstellung der einzelnen Paßteile können die des engen Laufsitzes angenommen werden. Die Federn sind gegen Verschmutzung zu sichern. Es wird häufig der Fehler gemacht, daß ringförmige Auswerferteile des Gesamtschnittes ohne Zwischenlage eines Federdrucktellers über eine starke Spiralfeder gestützt werden. Zweckmäßiger ordnet man statt dieser starken Feder mehrere gleichmäßig unter dem Ring verteilte schwächere Federn an. Damit die Federn nicht auskippen und umschlagen, sind ihre Enden in vorgebohrte Löcher eingesetzt. Eine Zentrierung durch einen teilweise geführten Stift kann dann wegfallen.

10. Geschlossener Gesamtschnitt.

(Werkzeugblatt 10.)

Die geschlossenen Gesamtschnitte[2]) sind im Verhältnis zu den offenen Gesamtschnitten mit Säulenführung weniger verbreitet, da ihre Herstellung teurer ist. Der geschlossene Gesamtschnitt bietet eine größere Sicherheit gegen Unfälle als der offene. Für gewisse Zweige der Bijouterieindustrie wird dieser Werkzeugtyp noch häufig verwendet, obwohl auch dort das Auswechsel-Säulengestell mit seinen austauschbaren Stempeln und Schnittplatten immer mehr Eingang findet.

Die Bauart des geschlossenen Gesamtabschnittes ist in bezug auf die am Schnitt beteiligten Elemente die gleiche. Abweichend von dem offenen Gesamtschnitt ist hier das Oberteil in einem allseitig umschließenden Lager geführt, welches am Unterteil festgeschraubt ist. Es ist hierbei sehr wichtig,

---

[1]) Beispiele zeigen u. a.: AWF 5202, AWF 5203. — Göhre: Schnitte und Stanzen (Leipzig 1927) S. 138—155. — Kaczmarek: Die moderne Stanzerei (Berlin 1929) S. 46. Dort sind Werkzeuge für Anker-, Stator- und Transformatorenbleche angegeben. — Werkst.-Techn. 1927 Heft 17 S. 491 Abb. 5—7 (Rechenmaschinen); ebenda 1923 Heft 19 S. 579 (Unterlegscheiben); ebenda 1928 Heft 23 S. 605 Abb. 11—18 (Stator- und Läuferbleche). — Jüttner: Die Anfertigung eines Gesamtschnittes unter Verwendung von AWF-Normalien (Werkstatt u. Betrieb 1936 Heft 23/24 S. 318). — Zibold: Blockschnitte für Uhren und Weckergehäuse (Werkstatt u. Betrieb 1936 Heft 21/22 S. 300).

[2]) Siehe hierzu auch: AWF 5204. — Masch.-Bau 1926 Heft 17 S. 779 Abb. 3. — Kurrein: Werkzeuge und Arbeitsverfahren der Pressen (Berlin 1927) S. 226 Abb. 264. — Litz: Spanlose Formung (ADB Bd IV, Berlin 1926) S. 78.

daß sich das Oberteil in dem Lager auch nicht um den geringsten Betrag drehen kann, daß es also absolut genau längsgeführt ist. Dies geschieht

Geschlossener Gesamtschnitt — Werkzeugblatt 10

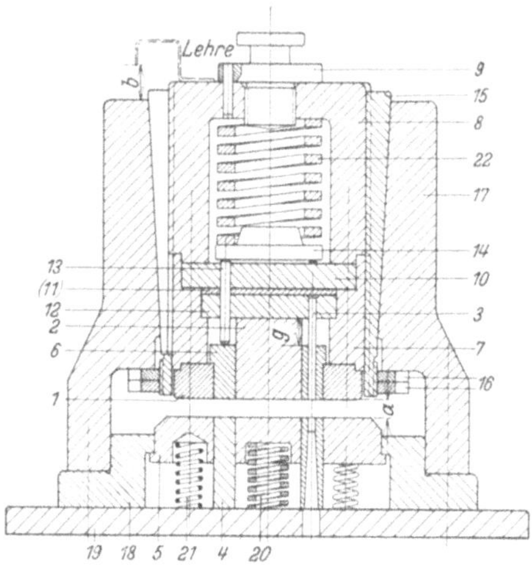

Pos.	Gegenstand	Werkstoff	Norm	Bemerkungen
1	Obere Schnittplatte	Werkzeugstahl s. Tab. XV/XVI		gehärtet
2	Innerer Schnittstempel	Werkzeugstahl s. Tab. XV/XVI		gehärtet
3	Lochschnittstempel	Werkzeugstahl s. Tab. XV/XVI		gehärtet
4	Schnittmatrize	Werkzeugstahl s. Tab. XV/XVI		gehärtet
5	Auswerferplatte	St 42·11		
6	Auswerfer	St 42·11		
7	Haltering	St 42·11		
8	Stempelkopf	St 42·11		
9	Kupplungsstück	St 42·11	AWF 5301	
10	Zwischenplatte	St 42·11		
(11)	Druckplatte	blauhartes Gußstahlblech		nur bei hohen Stempeldrücken
12	Stempelaufnahmeplatte	St 42·11		
13	Druckstift	St 42·11	DIN 7	
14	Federteller	St 42·11		
15	Lagerkörper	Bronze		
16	Ringmutter	St 42·11	DIN 547 bis 582	
17	Lagergestell	Grauguß		
18	Sockelplatte	St 42·11		
19	Grundplatte	St 42·11		
20	Spiralfeder	Federstahl	DIN 2075	
21	Spiralfeder	Federstahl	DIN 2075	
22	Spiralfeder	Federstahl	DIN 2075	

in der Regel derart, daß man den Stempelkopf (Teil 8) am äußeren Umfang mit Nuten versieht, welche in entsprechenden Aussparungen des Lagerkörpers (Teil 15) zwangsläufig geführt werden. Die Ausführungen dieses

Lagerkörpers selbst sind verschieden. In der Regel findet man den Lagerkörper gleichzeitig mit dem Untergestell verschraubt. Im vorliegenden Werkzeugblatt ist der Lagerkörper (Teil 15) vom Gestell (Teil 17) getrennt. Er ist an der einen Seite geschlitzt, so daß er durch Anziehen der unteren Ringmutter in seiner Längsrichtung verstellt werden kann. Seine konische Ausführung gestattet beim Nachziehen eine Durchmesserveränderung, so daß bei eintretendem Verschleiß die Lagerung nachgestellt werden kann, ohne dadurch das Oberteil aus seiner zentrischen Lage zum Unterteil zu verschieben. Derartige konische Lagerhülsen kann man sowohl aus naturhartem Stahl als auch aus Bronze herstellen[1]).

Die Befestigung des Lagergestelles (Teil 17) auf der Grundplatte oder, wie in diesem Falle, auf der Sockelplatte, geschieht nicht immer – wie hier gezeigt wird – durch von unten eingesetzte Schrauben, vielmehr kann die Grundplatte mit Außengewinde versehen und der Sockel mittels Überwurfmutter zur gegenseitigen Verbindung verschraubt werden. Dies ist besonders für sehr kleine Gesamtschnitte zu empfehlen.

In dem vorliegenden Werkzeug wird dasselbe Werkstück hergestellt, wie unter dem vorhergehenden Werkzeugblatt beschrieben wurde. Das Unterteil ist den dort angegebenen Elementen ähnlich. Das Oberteil weicht im Aufbau jedoch wesentlich ab, trotzdem auch hier die im Werkzeugblatt 9 angegebene Konstruktion teilweise auf dieses Werkzeug hätte übertragen werden können. Die Auswerferteile werden hier nicht direkt, sondern indirekt über eine gemeinsame starke Druckfeder in ihrer Anschlagstellung gehalten. Die Kraftübertragung findet von einem Federteller aus über zylindrische Stifte (Teil 13) statt, welche gut geführt sein müssen und nicht klemmen dürfen. Es empfiehlt sich, sowohl diese Stiftführungen als auch die Gleitflächen der Auswerferteile an den Schnittstempeln von einer gemeinsamen Stelle aus zu schmieren. Der zur Verfügung stehende Hubraum soll nicht zu klein bemessen werden zur Vermeidung von Bruchgefahr beim Einrichten des Werkzeuges. Zu großer Abstand zwischen Auswerfer und Anschlag ist jedoch gleichfalls unerwünscht, da, abgesehen von einer größeren Bauhöhe und einer hierdurch bedingten Verteuerung des Werkzeuges, ein leichteres Klemmen der Druckstifte eintreten kann. Man bemißt im allgemeinen das Maß q der Ausweichung des Auswerfers nach oben zu 12 mm bei kleinen und bis zu 20 mm bei größeren Gesamtschnitten. Im Betrieb rechnet man jedoch damit, daß man nur mit einer Ausweichung von etwa $q/2$ arbeitet. Zu diesem Zweck werden beim Einstellen auf das Oberteil Blechlehren aufgelegt; eine solche ist im Werkzeugblatt 10 gestrichelt angegeben. Bei einem Abstand a der Schnittplatten voneinander soll der Abstand b vom Gestellkörper bis zum Zeiger der Lehre $a + \frac{q}{2}$ betragen.

11. Einlegeführungsschnitt.

(Werkzeugblatt 11.)

Aus Gründen der Billigkeit versucht man, bereits beim Abschneiden der Blechteile die Löcher durch Vorlocher herzustellen (s. Werkzeugblätter 3, 4 und 7). Werden die Werkstücke jedoch irgendwie gebogen und müssen die Lochabstände von den Biegekanten genau eingehalten werden, so wird man nicht umhin können, das Schneiden der Löcher erst nach dem Biege-

[1]) AWF 5204 empfiehlt die Herstellung der Lagerbüchse (Teil 15) aus Lagermetall.

vorgang vorzunehmen. In solchen Fällen werden dann die fertig gebogenen bzw. fertig gedrückten Werkstücke in ein Werkzeug eingelegt, weshalb man diese dann als sog. Einlegewerkzeuge bzw. Einlegeschnitte[1]) bezeichnet.

Das Einlegen der Werkstücke geschieht entweder zwischen aufgeschraubten, der Formgebung entsprechend ausgearbeiteten Blechen, wie sie unter den Drückwerkzeugen besprochen werden (s. Werkzeugblatt 19, Teil 5), oder zwischen Stiften, eine billige Bauart, die den Ansprüchen auf Genauigkeit meistens genügt. Bei besonders hoch gebogenen Werkstücken wird man diese zweckmäßigerweise in einer Form aufnehmen, welche der vorausgegangenen Biegung entspricht.

Einlegeführungsschnitt mit Auswerfer	Werkzeugblatt 11

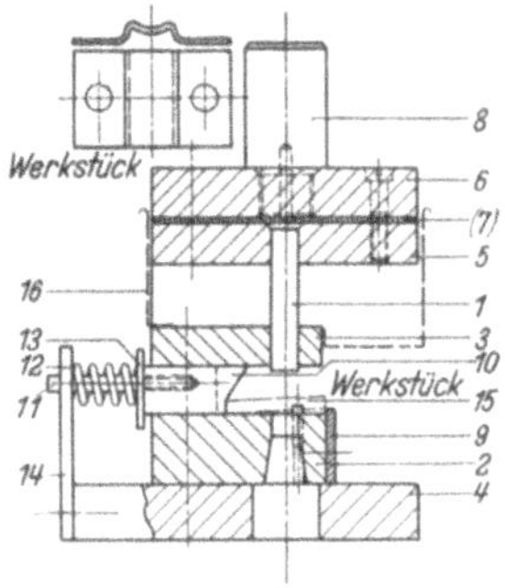

Pos.	Gegenstand	Werkstoff	Norm	Bemerkungen
1	Lochstempel	Werkzeugstahl		gehärtet
2	Schnittplatte	s. Tab. XV/XVI	AWF 5904	gehärtet
3	Führungsplatte	St 42·11, St 50·11		
4	Grundplatte	St 42·11	AWF 5904	
5	Stempelaufnahmeplatte	St 42·11		
6	Stempelkopf	St 42·11	AWF 5903	
(7)	Druckplatte	blauhartes Gußstahlblech		nur bei hohen Stempeldrücken
8	Einspannzapfen	St 42·11	AWF 5901 DIN 810	
9	Anlegeblech	St 42·11		
10	Auswerfer	St 42·11, St 50·11		
11	Zylinderstift	St 50·11		
12	Spiralfeder	Federstahl	DIN 2075	
13	Unterlegscheibe	St 42·11	DIN 1440	
14	Anlageblech	St 42·11		
15	Zylinderstift	St 50·11	DIN 7	
16	Schutzkorb	St 34·11		

Das Auswerfen solcher Werkstücke geschieht automatisch in der Weise, daß das Werkstück nach dem Schneiden durch den Stempel (Teil 1) mit emporgehoben und an der Führungsplatte (Teil 3) abgestreift wird. Der in der Zwischenleiste eingesetzte Schieber (Teil 10), welcher mittels einer

[1]) Gleichartige Werkzeuge sind angegeben: Kaczmarek: Die moderne Stanzerei (Berlin 1929) S. 28 Abb. 32. — Litz: Spanlose Formung (ADB Bd. IV, Berlin 1926) S. 77. — AWF 5103.

Feder (Teil 12) nach innen gedrückt wird, wird beim Hochgang des Stempels zunächst nach außen verschoben unter Vorspannung der Feder. Bei weiterer Aufwärtsbewegung des Stempels wird schließlich das Werkstück ganz abgestreift. In diesem Augenblick wird der vorgespannte Schieber (Teil 10) selbsttätig nach vorn gestoßen und wirft das fertig gelochte

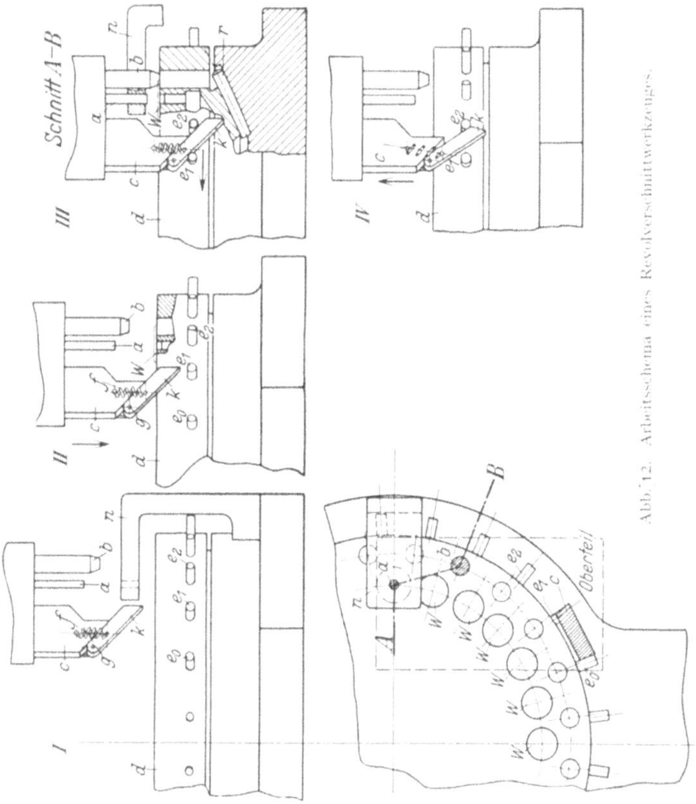

Abb. 12. Arbeitsschema eines Revolverschnittwerkzeuges.

Werkstück aus dem Werkzeug heraus in einen vor ihm liegenden Kasten. Mit selbsttätigem Auswerfer ausgerüstete Einlegewerkzeuge sind zeitsparend.

Bei allen Einlegewerkzeugen ist darauf zu sehen, daß in der Mitte der Schnittplatte ein Raum für die Finger ausgespart wird zwecks handlichen Einlegens. Dies ist allerdings nicht überall möglich, besonders dort, wo das Werkstück nicht nur seitlich, sondern auch in der Mitte gelocht wird und kurz und schmal bemessen ist, so daß für eine Aussparung kein Material übrigbleibt. Werden derartige Werkstücke in großzügiger Massenanfertigung hergestellt, so lohnt das Einlegen in besondere Vorrichtungen, die das Werkstück unter die Schnittstempel selbsttätig transportieren. Hierbei kann man die Einrichtung treffen, daß außer dem Schnittstempel noch andere Werkzeuge nebeneinander angeordnet werden, unter denen das Werkstück der Reihe nach durchlaufen muß. Geschieht der Transport des Werkstückes über eine Scheibe, die nach jedem Stempelhub um einen Teilungsbetrag weitergeschoben wird, so spricht man von Revolverwerkzeugen. Eine solche Konstruktion ist in ihrer Wirkungsweise in der Abb. 12 dargestellt. Dieses Werkzeug kann für jede Presse eingerichtet werden, es arbeitet folgendermaßen: Am Oberteil sind außer dem Schnittstempel *a* der Zentrierstempel *b* und der Vorschubstempel *c* angeordnet. Dieser Vorschubstempel *c* trägt im Zapfen *g* drehbar aufgehängt den unter Zug der Feder *f* nach aufwärts gedrückten Klappriegel *k*. Beim Senken des Oberteiles trifft dieser Klappriegel *k* auf den Anschlagbolzen e_1, der nach links in der Pfeilrichtung gemäß Arbeitsstellung III abgedrückt wird. Der um den Bolzen *g* drehbare Klappriegel *k* verändert hierbei seine ursprüngliche Stellung nicht. Die Anschlagbolzen e_0, e_1, e_2 usw. sind auf dem äußeren Umfang einer auf Rollen (*r*) oder Kugeln gelagerten Schnittplatte *d* in gleichen Abständen entsprechend der Anzahl der Werkstückeinlagen *W* überstehend angeordnet. Infolge des weiter abwärts gehenden Oberteiles wird schließlich der Anschlagbolzen e_2 zwischen *c* und *k* eingeschoben. Inzwischen ist der genau passende Zentrierstempel *b* in das entsprechende Zentrierloch der drehbaren Schnittplatte *d* eingedrungen, so daß beim weiteren Senken des Oberteiles der Stempel *a* der entsprechenden Schnittöffnung der Drehscheibe genau gegenübersteht. Nach dem Lüften des Oberteiles wird gemäß Arbeitsstellung IV der Klappriegel *k* unter Dehnung der Zugfeder *f* infolge Anstoß an e_2 von unten beiseitegeschoben und fällt erst in der Höchststellung des Oberteiles in seine ursprüngliche Lage zurück. In gleicher Weise wiederholt sich dieser Vorgang hintereinander. Die Lagerung der Schnittplatte *d* geschieht am zweckmäßigsten nach Art einer Drehscheibe über Kegelrollenlagern oder Kugeln. Die Schnittstempel *a* können in einer gemeinsamen Stempelführungsplatte *n* geführt werden. Der Stanzabfall fällt durch Aussparungen in der Mitte des Werkzeuges nach unten ab.

12. Schieberführungsschnitt[1]).

(Werkzeugblatt 12.)

Sollen verhältnismäßig hohe Hohlkörper am Boden gelocht werden, so ist das Überstülpen des Werkstückes über den Aufnahmedorn oder Sockel, der am oberen Kopf die Schnittplatte trägt, unmöglich, wenn der zur Verfügung stehende Stempelhub hierzu nicht ausreicht, d. h. wenn dieser nicht größer als die Gesamthöhe des Werkstückes ist. Gestattet in solchen Fällen der Stempelhub gerade noch ein Einlegen des Werkstückes zwischen Ober- und Unterteil, so wird man zumindest auf eine Führungsplatte für die Stempel verzichten müssen, was gerade in Anbetracht eines hohen Hubes besonders nachteilig ist und weiterhin eine Ausführung des Schnittes als Säulenwerkzeug bedingt.

---

[1]) Konstruktionsbeispiele für Schieberwerkzeuge finden sich u. a.: Göhre: Schnitte und Stanzen (Leipzig 1927) S. 51 Abb. 65. — Kaczmarek: Die moderne Stanzerei (Berlin 1929) S. 90 Abb. 102 (Zugstange).

Diese Schwierigkeiten werden durch die Anwendung eines Schieberwerkzeuges behoben. Dort wird der Aufnahmedorn oder Sockel für das Werkstück auf einer verschieblichen Platte angeordnet, welche an Handgriffen seitlich unter der Führungsplatte herausgezogen oder eingeschoben werden

Schieberführungsschnitt	Werkzeugblatt 12

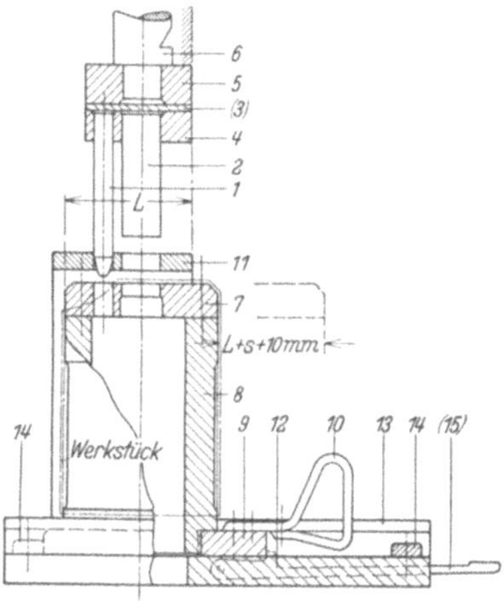

Pos.	Gegenstand	Werkstoff	Norm	Bemerkungen
1	Führungsstempel . . .	Werkzeugstahl		gehärtet
2	Stempel	s. Tab. XV/XVI		gehärtet
(3)	Druckplatte	blauhartes Gußstahlblech		nur bei großen Stempeldrücken
4	Stempelaufnahmeplatte	St 42·11		
5	Stempelkopf	St 42·11		
6	Einspannzapfen	St 42·11	AWF 5901 DIN 810	
7	Schnittplatte	Werkzeugstahl s. Tab. XV/XVI		gehärtet
8	Aufnahmekörper. . . .	St 42·11		
9	Schiebeplatte	St 42·11		
10	Handgriff	St 42·11		
11	Führungsplatte	St 42·11		
12	Grundplatte	St 42·11		
13	Führungsschienen . . .	St 42·11		
14	Anschlagleiste	St 42·11		
(15)	Riegelhebel	St 42·11, St 50·11		gestrichelt gezeichnet

kann. In der Auszugstellung wird das zu lochende Werkstück aufgesetzt und der Schlitten in die Arbeitsstellung derart zurückgeschoben, daß die Bohrungen der Matrize genau den Bohrungen der Führungsplatte und den Stempelflächen gegenüberstehen. Mißlingt eine derartige Einstellung, so werden Stempel- und Matrizenschnittkanten beschädigt, schwache Stempel brechen ab. Besonders dort, wo sich zwischen der Anschlagleiste bzw. den

Anschlagstiften einerseits und dem Schlitten andererseits Fremdkörper festgesetzt haben, kann eine Beschädigung des Werkzeuges leicht eintreten.

Man verhindert dies entweder dadurch, daß man auf Anschlagleisten ganz verzichtet und statt dessen die Stellung des Schlittens durch seitlich eingreifende konische Indexstifte, welche gegen Späne und Verschmutzung geschützt sein müssen, fixiert, oder daß in einer entsprechend gehaltenen Ausarbeitung der Anschlagleiste am Boden (s. Teil 14) die kleineren Fremdkörper aufgenommen werden. Bei einer anderen Bauart wird die Sicherung dadurch herbeigeführt, daß im Augenblick der Berührung der Anschlagleiste durch den Schlitten ein Riegelhebel unter Federdruck nach oben springt (s. Teil 15, im Werkzeugblatt 12 gestrichelt angegeben) und den Schlitten somit am selbsttätigen Zurückweichen hindert. Vor dem Zurückschieben muß die Verriegelung gelöst, der Hebel also herabgedrückt werden. Bei sorgfältiger Bedienung des Werkzeuges wird man jedoch auf derartige Sicherheitsverriegelungen verzichten können. In den seltenen Fällen, wo das Werkstück (in Werkzeugblatt 12 strichpunktiert) die Schnittplatte nicht vollständig umgibt, kann man einen Führungsstempel (Teil 1 zu Werkzeugblatt 12) anordnen, dessen konisch verjüngte Spitze beim Stempelniedergang an einer freien Stelle in die Schnittplatte eintritt. Hierdurch wird eine genaue Gegenüberstellung vom Stempel zur Schnittplatte gewährleistet, bevor es zum Schnitt kommt.

Die Handgriffe für den Schlitten sind möglichst tief anzuordnen. Es empfiehlt sich, die im Werkzeugblatt 12 angegebene Grifform an Stelle des gebräuchlicheren waagerecht angeordneten U-förmigen Griffes zu wählen. Das geringste Maß der erforderlichen Verschiebung ist hier mit $L + s + 10$ mm angegeben, wobei unter s die Blechstärke und unter L das Längenmaß des Aufnahmekörpers in der Bewegungsrichtung des Schiebers zu verstehen sind, um welches derselbe von der Stempelführungsplatte bzw. vom Stempelkopf und Stößel überdeckt wird.

13. Führungsschnitt für die seitliche Lochung von Hohlkörpern.

(Werkzeugblatt 13.)

Das seitliche Lochen[1]) von Hohlkörpern ist dann sehr einfach, wenn nur eine einmalige Lochung in einem gegebenen Abstand vom Rand und an einer beliebigen Stelle des Körperumfanges verlangt wird. Ist diese Stelle nicht beliebig, so muß das Werkzeug in seiner Lage irgendwie fixiert werden. Wurden bereits in einem vorausgegangenen Arbeitsgang Löcher hergestellt, so wird man das auf einem horizontal[2]) angeordneten Dorn (Teil 6) aufgenommene Werkstück in seiner Lage durch von außen einzusteckende konische Stifte bestimmen. Diese Stifte wird man bei geringerer Stückzahl mit der Hand einstecken und an kleinen Ketten am Werkzeug

[1]) Das Ausklinken erfolgt analog dem Lochen. Ein Werkzeug hierzu ist in der Werkst.-Techn. 1927 Heft 17 S. 510 Abb. 3—4 angegeben. Bei manchen Ausklinkschnitten wird der Dorn mit dem Werkstück gegen die stillstehende Werkzeugschneide bewegt. Kaczmarek zeigt in seinem Buche: Die moderne Stanzerei (Berlin 1929) auf S. 33 Abb. 37 ein derartiges Werkzeug.

[2]) Bei schräger seitlicher Lochung muß selbstverständlich auch der Dorn schräg angeordnet werden. Beispiele hierfür sind angegeben von Kurrein: Werkzeuge und Arbeitsverfahren der Pressen (Berlin 1927) S. 120 Abb. 107—110. — Werkst.-Techn. 1924 Heft 23 S. 222.

befestigen. Bei größeren Stückzahlen wird man Böckchen oder Winkel neben dem Aufnahmeteil anbringen, in welche diese konischen Stifte axial gelagert sind und unter Federdruck in die bereits vorgenommenen Lochungen und entsprechenden Aussparungen des Aufnahmedornes einspringen.

Handelt es sich darum, ein bestimmtes Blechteil in einer bestimmten Teilung am Umfange gleichmäßig zu lochen, so wird man zunächst an einer beliebigen Stelle das erste Loch einstanzen und das Werkstück um den

Führungsschnitt für die seitliche Lochung von Hohlkörpern	Werkzeugblatt 13

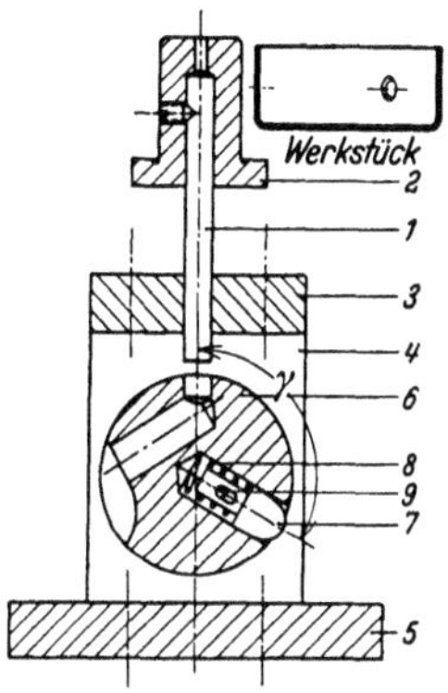

Pos.	Gegenstand	Werkstoff	Norm	Bemerkungen
1	Stempel	Werkzeugstahl s. Tab. XV/XVI		gehärtet
2	Einspannzapfen	St 42·11	DIN 810	
3	Führungsplatte	St 42·11		
4	Zwischenplatte	St 42·11		
5	Grundplatte	St 42·11		
6	Aufnahmedorn	Werkzeugstahl s. Tab. XV/XVI		gehärtet
7	Indexstift.	St 42·11, St 50·11		
8	Spiralfeder	Federstahl	DIN 2075	
9	Zylinderstift	St 50·11		

Dorn so weit drehen, bis eine Indexkugel oder ein Indexstift (Teil 7) in die bereits vorgelochte Bohrung einfällt[1]). Dann erfolgt die zweite Lochung und beim Weiterdrehen[2]) und Einschnappen des Indexes in die Neulochung das nächste und so fort. In der folgenden Zahlentafel VI ist für eine verschieden große Anzahl von Lochungen des Umfanges der Winkel γ angegeben, welcher die vertikale Matrizenachse mit der Indexachse einschließt (s. Werkzeugblatt 13). Je mehr sich dieser Winkel γ dem Winkelbetrag von 180° nähert, um so weniger gedrängt kann die konstruktive Bauart gehalten sein.

[1]) Ein derartiges Werkzeug zur Herstellung von 4 Nabenlöchern ist in der Werkst.-Techn. 1927 Heft 12 S. 364 Abb. 13, 14 beschrieben.

[2]) Ein Werkzeug zur gleichzeitigen Herstellung zweier gegenüberliegender Lochungen ist in Masch.-Bau 1932 Heft 15 S. 323 beschrieben. Ein Weiterdrehen erübrigt sich hier.

Tabelle VI. Teilungswinkel für den Index von Hohlkörper-Lochschnitten.

Anzahl der auf dem Umfang gleichmäßig verteilten Lochungen	Der die Schnittachse mit der Indexachse einschließende Winkel γ	Anzahl der auf dem Umfang gleichmäßig verteilten Lochungen	Der die Schnittachse mit der Indexachse einschließende Winkel γ
2	180°	10	108°
3	120°	11	164°
4	90°	12	150°
5	144°	14	154°
6	60°	15	168°
7	154°	16	157,5°
8	135°	18	140°
9	160°	20	162°

Die unter dem Index liegende Feder muß stark genug sein, um denselben in die Verlochung kräftig zu drücken, so daß dieser tatsächlich zentriert. Andererseits muß die Feder beim Weiterdrehen nachgeben, ebenso beim Aufsetzen und Herabstreifen des Arbeitsstückes. Es ist darauf zu achten, daß bei derartigen Indexausführungen, wie sie Werkzeugblatt 13 zeigt, die Bohrung für den Index nicht verschmutzt werden kann und deshalb nicht mit dem Kanal für den Stanzabfall in Verbindung steht. Bei großen Durchmessern von Hohlkörpern bietet die konstruktive Ausführung derartiger innen angebrachter Indexe keine besonderen Schwierigkeiten. Anders liegen jedoch die Dinge für kleine Hohlkörper, da in den Aufnahmedornen der hierfür nötige Raum kaum vorhanden ist. In diesem Falle muß der Index entweder von außen wirken oder man wird bei großzügiger Massenanfertigung auf Indexe ganz verzichten[1]) und die Lochungen mit einer entsprechenden Anzahl von Stempeln gleichzeitig vornehmen, wie dies im folgenden Werkzeugblatt 14 näher beschrieben ist.

14. Schnittwerkzeug zur gleichzeitigen Bearbeitung von Hohlkörpern an verschiedenen Stellen.

(Werkzeugblatt 14.)

Es ergibt sich für Hohlkörper häufig die Notwendigkeit, nicht nur den Boden, sondern auch verschiedene Stellen am Umfang der Zarge mit verschiedenen Werkzeugen zu bearbeiten. Dies geschieht zweckmäßig mittels seitlich gesteuerter Stempel, von denen die Ausführungen A und B Konstruktionsmöglichkeiten zeigen[2]). Diese Schnitte werden in der Regel als Säulenschnitte ausgeführt (im Werkzeugblatt 14 nicht mit eingezeichnet).

In der Mitte des Werkzeuges befinden sich die Schnittstempel für den Boden. Die Matrize weist in diesem Falle die Form eines Bolzens auf, welcher zwecks Durchfall des Schnittabfalles durchbohrt ist. Die Stempel werden meistens kraftschlüssig bewegt, d. h. sie stehen unter Federdruck und geben den Raum um die Matrize zum Aufstecken des Werkstückes frei. Entweder benutzt man als Anschlag das Leitkurvenstück, wie dies

[1]) Die Herstellung von gelochten Rohren beschreibt Kurrein in seinem Buch: Werkzeuge und Arbeitsverfahren der Pressen (Berlin 1927) auf S. 193 Abb. 227.

[2]) Konstruktionsbeispiele hierfür finden sich u. a.: Kurrein: Werkzeuge und Arbeitsverfahren der Pressen (Berlin 1927) S. 167 Abb. 190, sowie S. 129—130 Abb. 122—124. Siehe ferner Werkst.-Techn. 1925 Heft 3 S. 111 Abb. 1, 2; ebenda 1930 Heft 14 S. 394; ebenda 1931 Heft 4 S. 107.

bei Ausführung A gezeigt wird, oder gemäß Ausführung B einen besonderen Anschlag, der dort in Form eines Stiftes vorgesehen ist. Bei Niedergang

Schnittwerkzeug zur gleichzeitigen Bearbeitung von Hohlkörpern an verschiedenen Stellen	Werkzeugblatt 14

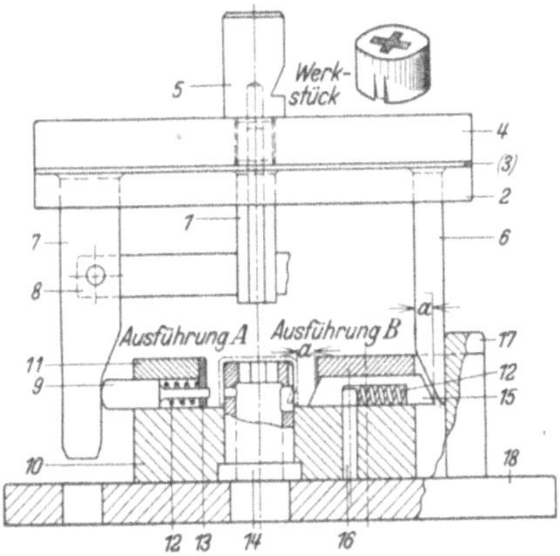

Pos.	Gegenstand	Werkstoff	Norm	Bemerkungen
1	Mittenstempel.	Werkzeugstahl s. Tab. XV/XVI		gehärtet
2	Stempelaufnahmeplatte	St 42·11		
(3)	Druckplatte	blauhartes Gußstahlblech		nur bei hohen Stempeldrücken
4	Stempelkopf	St 42·11		
5	Einspannzapfen	St 42·11	AWF 5901 DIN 810	
6	Vorschubstempel . . .	ECN 35		} im Einsatz gehärtet
7	Vorschubstempel . . .	ECN 35		
8	Versteifungsschiene . .	St 42·11		
9	Seitenstempel	Werkzeugstahl s. Tab. XV/XVI		gehärtet
10	Sockelplatte	St 42·11		
11	Schieberführungsplatte .	St 42·11		
12	Spiralfeder	Federstahl	DIN 2075	
13	Schild	St 42·11		
14	Aufnahmedorn	Werkzeugstahl s. Tab. XV/XVI		} gehärtet
15	Schlitzstempel.	Werkzeugstahl s. Tab. XV/XVI		
16	Anschlagstift	St 50·11		
17	Gegenplatte	St 42·11		
18	Grundplatte	St 42·11		

des Stempels werden die Kurvenstücke, die unter einem Winkel von höchstens 45° angeschrägt sind, die Schnittstempel[1]) nach der Matrize

[1]) Bei größeren Werkstücken, die nur seitlich, aber nicht am Boden gelocht werden, kann man die Schnittstempel vom Innern des Hohlkörpers nach außen treten lassen, wobei die Matrize den Hohlkörper ringförmig umgibt. Ein Beispiel hierzu zeigt Göhre in seinem Buche: Schnitte und Stanzen (Leipzig 1927) S. 68 Abb. 77.

vorschieben. Diese Kurvenstempel[1]) (Teile 6 und 7) werden nach außen auf Biegung beansprucht, sie müssen nicht allein den Federdruck, sondern auch den Schnittwiderstand der Stempel überwinden. Gemäß Ausführung A wurde deshalb eine möglichst kräftige Stempelausführung gewählt. Beide sich gegenüberstehenden Stempel sind mittels Traversen (Teile 8) verbunden. Für die Ausführung B kann ein erheblich schwächerer Kurvenstempel gewählt werden, da dieser rückseitig anliegt (Teil 17). Um einen Bruch des Werkzeuges zu verhindern, ist auf die Einhaltung der Maße *a* genau zu achten.

15. Beschneideschnitt[2]) für Blechflanschen gezogener Körper.

(Werkzeugblatt 15.)

Dem äußeren Umfang des Ziehkörpers entsprechend ist in der unteren Schnittplatte (Teil 2) eine Aussparung einzuarbeiten, die sich dem Zug anpaßt. Der Ziehkörper selbst braucht an seiner unteren Fläche nirgends

Beschneideschnitt für Blechflanschen gezogener Hohlkörper	Werkzeugblatt 15

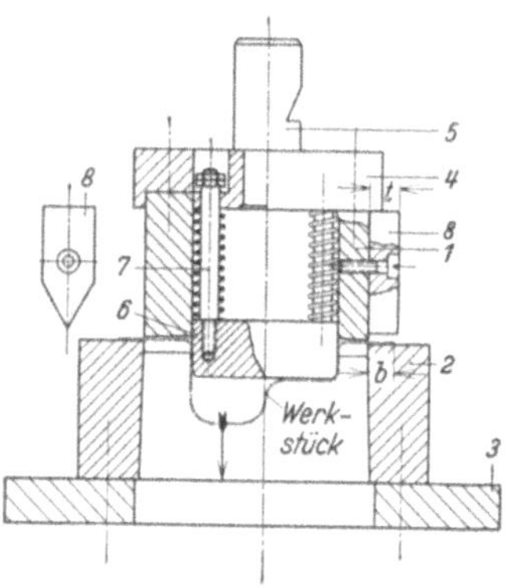

Pos.	Gegenstand	Werkstoff	Norm	Bemerkungen
1	Ringstempel	Werkzeugstahl		gehärtet
2	Schnittplatte	s. Tab. XV/XVI		gehärtet
3	Grundplatte	St 42·11		
4	Stempelkopf	St 42·11		
5	Einspannzapfen	St 42·11	AWF 5901 DIN 810	
6	Zentrierstempel	St 42·11		
7	Federdruckbolzen . . .	St 42·11	DIN 938 bis 942	
8	Abfalltrenner	Werkzeugstahl s. Tab. XV/XVI	AWF5005/08 Bild 4	gehärtet

[1]) Weitere konstruktive Ausführungen für die Kurven- bzw. Keilsteuerung sind unter Abschnitt A 3, Abb. 4 dieses Buches angegeben.

[2]) Beispiele hierzu finden sich: Göhre: Schnitte und Stanzen (Leipzig 1927) S. 134 Abb. 154—159. — Werkst.-Techn. 1927 Heft 12 S. 364 Abb. 8—9.

aufzuruhen. Ordnet man jedoch einen Auswerfer (hier nicht angegeben) an, was bei derartigen Werkzeugen bestimmt zeitsparend ist, so soll derselbe sich dem Ziehkörper anschmiegen. Die Auswerfer werden mittels Feder in ihrer oberen Endstellung gehalten und bei Niedergang des Stempels mit herabgedrückt. Es empfiehlt sich hierbei zur Vermeidung einer übermäßigen Bauhöhe die in Abb. 15 gezeigte Auswerfervorrichtung zu verwenden, wie sie hauptsächlich für Biegestanzen in Frage kommt. Der Mittenstempel (Teil 6) dient in der Hauptsache zum Zentrieren, weniger zum Ausstoßen des Werkstückes.

Der Schnittabfall wird zweckmäßig mittels zweier gegenüber angeordneter Abfallschneider zerteilt, da sonst die Abfallringe auf dem Schnittstempel oder Matrizenring aufeinandergereiht und schließlich stören würden. Diese Abfalltrenner (Teil 8) werden seitlich an den Schnittstempeln oder Matrizenringen angeschraubt und müssen mit einer scharfen, schräg abfallenden Schneide versehen sein. Die Messerstärke *t* ist um einige Millimeter größer zu bemessen als die Breite *b* des auseinander zu schneidenden Abfallringes.

Soll nicht der Blechflansch, sondern die Zarge selbst beschnitten werden, so werden die Teile während des Stempelniederganges gleichzeitig oder in anschließender Folge seitlich bewegt. Diese Seitenbewegung erfolgt durch Kurvensteuerung gemäß Abb. 4. Im Hinblick auf die geringe Verbreitung dieser Randbeschneidewerkzeuge soll auf die Schilderung ihrer ziemlich verwickelten Konstruktion an dieser Stelle verzichtet werden[1].

16. Messerschnitt.

(Werkzeugblatt 16.)

Messerschnitte[2]) finden vor allen Dingen bei Nichtmetallen Anwendung, also bei Furnieren, Zelluloidteilen, Leder- und Klingeritdichtungen, für Hartpapier, Hartgummi usw. Der Winkel α beträgt hierbei für Pappe und Leder 15 bis 20°, für Zelluloid, Hartpapier und Metallfolie 10°. [Kaczmarek empfiehlt für Hartgummi einen Winkel von 8 bis 12° und eine Erwärmung dieses Stoffes[3]).]

Es ist hierbei nicht gesagt, daß man mit Messerschnitten immer zum Ziel kommt. Besonders bei starkem Filz haben Versuche ergeben, daß man mit üblichen Schnittwerkzeugen bessere Erfolge erzielt als bei Messerschnitten, wenn man nämlich über den Filz ein dünnes Blech legt und dieses mit ausstanzt (siehe Literaturangabe unter Werkzeugblatt 3 und 4). Bei den Messerschnitten ist zwecks eines sauberen Schnittes zu beachten, daß die zylindrischen Schnittflächen der Stempel das zu erzeugende Werkstück ausschneiden, während die schrägen Flächen an der Seite des Abfalles liegen. Wird beispielsweise eine Flanschdichtung ausgeschnitten, wie dies im Werkzeugblatt 16 angegeben ist, so wird am äußeren Umfang die Schneide unter allen Umständen schräg und innen zylindrisch ausgeführt. Hingegen wird bei den Lochstempeln die Anschrägung innen liegen, wie dies in Ausführung A gezeigt ist. Will man hingegen auf eine saubere Ausführung der Lochung verzichten, jedoch die gelochten runden Scheiben

[1]) Die ausführliche Beschreibung eines derartigen Randbeschneidewerkzeuges für Zigarettenpackungen findet sich in der Werkst.-Techn. 1938 Heft 1 S. 18.

[2]) Beispiele hierzu finden sich u. a.: AWF-Schnittnormen 5001—5004. — Kaczmarek: Die moderne Stanzerei (Berlin 1929) S. 15 Abb. 8—15. — Litz: Spanlose Formung (ADB Bd. IV, Berlin 1926) S. 80.

[3]) Siehe hierzu auch die Ausführungen im Text zu Abschnitt A 2, Abb. 2 dieses Buches.

in sauberem Zustande erhalten, um sie für einen anderen Zweck weiter zu verwerten, so wird man bei Lochstempeln die Abschrägung außen vorsehen, wie dies unter Ausführung B angegeben ist.

In der Regel werden bei derartigen Messerschnitten die aus dem Werkstück herausgeschnittenen Teile mittels Auswerfer entfernt[1]). Ist das

Messerschnitt	Werkzeugblatt 16

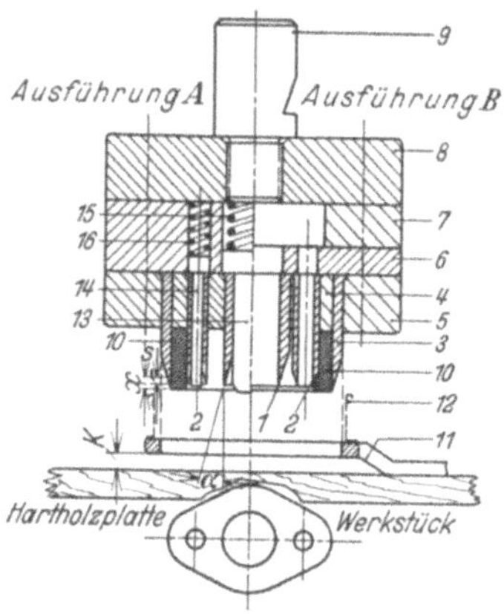

Pos.	Gegenstand	Werkstoff	Norm	Bemerkungen
1	Lochstempel	Werkzeugstahl s. Text	AWF 5001 bis 5004	Behandlung s. Tab. XVI
2	Lochstempel			
3	Schnittring			
4	Zwischenring	St 42·11		
5	Stempelaufnahmeplatte	St 42·11		
6	Untere Zwischenplatte .	St 42·11		
7	Obere Zwischenplatte .	St 42·11		
8	Stempelkopf	St 42·11	AWF 5903	
9	Einspannzapfen	St 42·11	AWF 5901 DIN 810	
10	Füllkörper	Schwammgummi		
11	Abstreifering	St 42·11		
12	Schutzkorb	St 34·11		
13, 14	Auswerfer	St 42·11, St 50·11		
15, 16	Spiralfeder	Federstahl	DIN 2075	

Formstück für den Auswerfer sehr schwierig, so kann man sich mittels eines Stückes Schwammgummi[2]) (Teil 10) helfen. Für die Auswerfer der

[1]) Ein praktisches Handwerkszeug mit Auswerfer zum Ausschneiden von Lederscheiben ist in der Werkzeugmasch. 1929 Heft 24 S. 508 näher beschrieben.

[2]) Die Verwendung eines Stückes Gummi als Ersatz für unter Federdruck stehende Auswerfer empfiehlt Kurrein für Glimmerschnitte in seinem Buche: Werkzeuge und Arbeitsverfahren der Pressen (Berlin 1927) S. 170 Abb. 193. In diesem Buche sind außerdem interessante Kraft-Weg-Schaubilder von Messerschnitten angegeben. Über Auswurfvorrichtungen mit Feder oder Gummi finden sich unter AWF 5950 nähere Angaben.

gelochten Scheibe wird man selbstverständlich einfache Bolzen (Teile 13 und 14), die unter Federdruck stehen (Teile 15 und 16), vorziehen. In der Ausführung B wird auf eine besondere Auswerferkonstruktion für die gelochten Scheiben verzichtet. Diese gelangen vielmehr durch das fortwährende Schneiden in den oberen Teil des Stempelkopfes bis in den dort hierfür freigelassenen Raum und fallen selbsttätig auf einer Abschrägung herunter oder müssen zeitweise mittels eines Stabes herausgestoßen werden. Selbstverständlich ist eine Konstruktion ohne Auswerfer gemäß Ausführung B nur dort möglich, wo die Lochstempel an der Schneide innen zylindrisch ausgeführt sind, da sie sonst die Stempelführung bald verstopfen würden.

Das Unterteil für die Messerschnitte besteht meistens in einer Platte aus Preßspan oder hartem Sperrholz. Es ist zweckmäßig, auf dieser eben geschliffenen Platte, welche auf dem Maschinentisch aufgeschraubt ist, einen Abstreifer (Teil 11) zu befestigen, der mit einem gelochten Schutzblech (Teil 12) versehen ist, um Verletzungen an den sehr scharfen Schneiden des Messerschnittes zu verhindern. Der Zwischenraum k zwischen Grundplatte und Abstreifer soll möglichst nicht mehr als 10 mm betragen, um ein Zwischengreifen mit den Fingern zu verhindern.

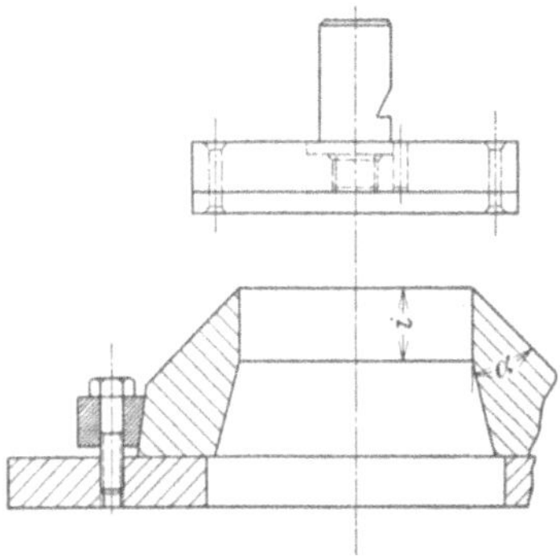

Abb. 13. Messerschnitt für starke Fiberplatten.

Erfolgt das Ausschneiden nicht an kleineren Abfällen, sondern von größeren zusammenhängenden Stücken oder Streifen, so wird man den Werkstoff durch Anlegen an Leisten, in die Grundplatte eingeschlagene Stifte oder Nägel besser ausnützen.

Für stärkere und große Fiberplatten wird ein Matrizenschnittwinkel $\alpha = 45°$ empfohlen[1]). Im Matrizenstück selbst wird gemäß Abb. 13 analog den Schnitten für die Blechbearbeitung der obere Teil zylindrisch ausgeführt. Das Maß i ist hierbei größer zu wählen als bei den normalen Schnitten, und zwar einmal aus Gründen des Nachschleifens und ferner wegen der Stärke der Platten.

Das obere Teil des Schnittes besteht im wesentlichen nur aus dem Aufnahmebolzen und einer Kopfplatte, an deren unterer Fläche eine Hartfieberplatte oder Hartholzplatte mittels versenkter Kupferniete befestigt ist. Es ist darauf zu achten, daß die Köpfe der Kupferniete nicht über der Schnittkante oder in deren Nähe zu liegen kommen, da dort die Gegenplatte etwas eingezogen wird. An derartigen Stellen würde also der Schnitt unvollkommen ausfallen. Die Oberfläche dieser Gegenplatte wird auch zeitweilig überschliffen werden müssen. Man wähle hierzu mit mittelfeinem Korn überzogene, in horizontaler Richtung laufende Scheiben.

Zum Ausschneiden von unregelmäßigen, größeren Formen aus weichen Stoffen, wie z. B. Leder, Karton, Dichtungsmaterial usw., verwendet man

[1]) Siehe hierzu auch Werkst.-Techn. 1926 Heft 2 S. 64.

Rahmenfreischnitte[1]). Ist die Herstellungsmenge klein, so kann man sich damit helfen, daß man den Schnitt aus mehreren, teils gebogenen, teils geraden Stahlschneiden zusammensetzt, und zwar in eine entsprechend ausgesägte Sperrholzplatte. Zwischenräume sind mit Schwammgummistücken auszustopfen, die über die Schneiden hervorragen und gewissermaßen als Abstreifer dienen. Bei größeren Herstellungsmengen empfiehlt sich jedoch die Anfertigung aus einem Stück, bzw. man verschweißt einzelne Schneiden miteinander. Diese Schneidenstücke müssen kräftiger gehalten werden als die oben besprochenen und haben eine Stärke von etwa 5 bis zu 12 mm. An ihrem unteren Teile sind sie dem Schneidwinkel entsprechend angeschärft. Ein Zusammensetzen und Verschweißen empfiehlt sich bei größeren Ausschnitten allgemein, während bei kleineren Formen, wie sie auch für das Werkstück zum Werkzeugblatt 16 in Frage kommen, die Stempel ausgebohrt und ausgefräst werden.

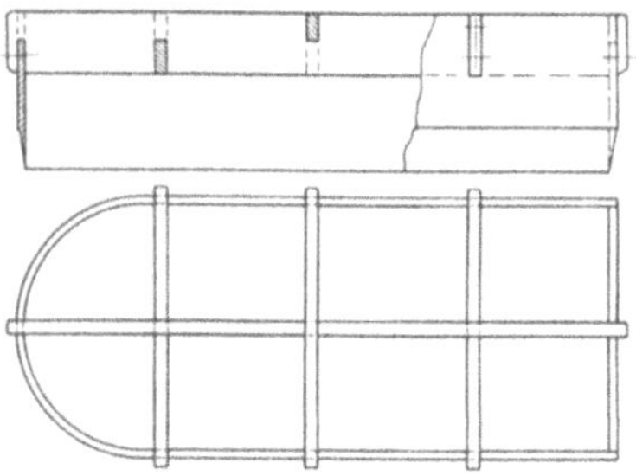

Abb. 14. Rahmenfreischnitt.

Besonders komplizierte Formen sind am oberen Teile zu versteifen. Dies geschieht zweckmäßig dadurch, daß man Leisten im rechten Winkel zueinander unter gegenseitiger Aussparung einsetzt. Abb. 14 zeigt eine derartige Versteifung. In dieser Art werden z. B. Freischnitte für Faltschachteln der Kartonagenindustrie und Zuschnitte für die Lederwarenfabrikation hergestellt. Die Unterlage für derartige Schnitte besteht in einer weichen nachgiebigen Platte, die jedoch möglichst gleichmäßig und eben sein muß und sich nicht verziehen darf. Weiches Sperrholz, z. B. Linde, ist für derartige Zwecke besonders geeignet[2]).

Als Stahl verwende man für die Stempel bei weichen Stanzteilen einen zähen Wasserhärter, der nicht zu hart ist und in geglühten Anlieferungszustand eine Brinellhärte von etwa 175 kg/mm^2 aufweist. Für höhere Beanspruchungen sind Ölhärter zu empfehlen. Grundsätzlich ist bei der Auswahl des Werkzeugstahles für Messerschnitte auf große Zähigkeit und weniger auf Härte Wert zu legen. Die Werte der Tabelle XV sind daher in der dort angegebenen Form für die Messerschnitte nicht ohne weiteres zu übernehmen.

17. Schabeschnitt.

(Werkzeugblatt 17.)

Schabeschnitte verwendet man dort, wo die Kanten geschnittener Teile sehr blank und sauber aussehen müssen, wie z. B. bei Ehrenzeichen. Die bereits geschnittenen Werkstücke werden deshalb nochmals durch einen Schnitt hindurchgedrückt, dessen Matrize um etwas enger als

[1]) Kurrein gibt einige Konstruktionsbeispiele an in seinem Buche: Die Werkzeuge und Arbeitsverfahren der Pressen (Berlin 1927) S. 243 Abb. 291—293.

[2]) In der Werkzeugmasch. 1929 Heft 24 S. 507 wird als Unterlage für derartige Schnitte Steinpappe empfohlen.

die des vorhergehenden Werkzeuges bemessen ist[1]). Die Schabeschnitte werden in der Regel als Säulenschnitte ausgeführt. Das Hauptmerkmal des Schabeschnittes ist eine Einlegeplatte, welche über die Schnittplatte aufgesetzt wird und die zur Aufnahme der Werkstücke dient. Dieselben werden zunächst in diese Platte eingelegt (Teil 6) und mittels des Stempels (Teil 1) durch die Matrize (Teil 7) nach unten gedrückt. Das Maß i ist in

Schabeschnitt | Werkzeugblatt 17

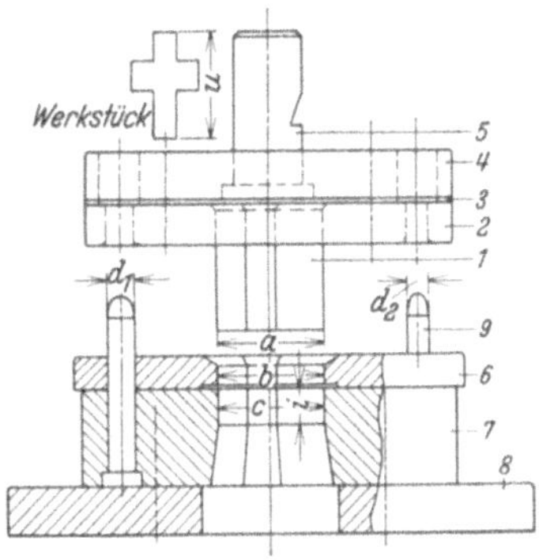

Pos.	Gegenstand	Werkstoff	Norm	Bemerkungen
1	Stempel	Werkzeugstahl s. Tab. XV/XVI		gehärtet
2	Stempelaufnahmeplatte	St 42·11		
(3)	Druckplatte	blauhartes Gußstahlblech		nur bei hohen Stempeldrücken
4	Stempelkopf	St 42·11	AWF 5903	
5	Einspannzapfen	St 42·11	AWF 5901 DIN 810	
6	Einlegeplatte	St 50·1, St 60·11		
7	Schnittplatte	Werkzeugstahl s. Tab. XV/XVI	AWF 5904	gehärtet
8	Grundplatte	St 42·11		
9	Zentrierstifte	ECN 35	(evt. AWF 5905)	im Einsatz gehärtet

diesem Falle mindestens in der sechsfachen Stärke der Werkstücke zu wählen. Wesentlich sind die Maßunterschiede zwischen a, b und c. Ist u die ursprüngliche Länge des Werkstückes, so gelten etwa folgende Beziehungen für kleine Werkstücke:

$$a = u - 0{,}5 \text{ mm}, \qquad b = u + 0{,}5 \text{ mm}, \qquad c = u - 0{,}05 \text{ mm}.$$

[1]) Ausführungsbeispiele hierzu finden sich in den Zeitschriften: Masch.-Bau 1926 Heft 17 S. 780 Abb. 7, 8; Werkst.-Techn. 1928 Heft 23 S. 652 Abb. 1—7; Masch.-Bau 1932 Heft 23 S. 490 Abb. 2 und 3. — Siehe hierzu auch den Aufsatz von Krömer: Zur Frage des Kantenglättezuges in der Zeitschrift Werkstatt u. Betrieb 1935 auf S. 50. — Über Schnitt-Schabewerkzeuge sind in der Zeitschrift Masch.-Bau 1935 Heft 21/22 S. 60 einige Ausführungsbeispiele angegeben. — Beispiele von Schabeschnitten für die Uhrenfabrikation werden in der Werkst.-Techn. 1935 Heft 15 S. 306 beschrieben.

Bei weichem Material werden blanke Schnittkanten erzeugt, wenn in der Matrize die zylindrische Gleitfläche der Höhe i sich nach unten zu um wenige tausendstel Millimeter verjüngt.

Die Anordnung des Stempels geschieht wie bei den gewöhnlichen Schnitten. Der Stempeldruck ist nicht unerheblich, da es sich hier weniger um einen Schervorgang, als vielmehr um eine tatsächliche Kaltverformung handelt. Man sehe deshalb unbedingt eine Stempeldruckplatte (Teil 3) für kleine Schabeschnitte vor. An Stelle der hier gezeigten Zentrierstifte (Teil 9) kann selbstverständlich ebenso ein Auswechsel-Säulengestell Verwendung finden.

Abschälschnitt | Werkzeugblatt 18

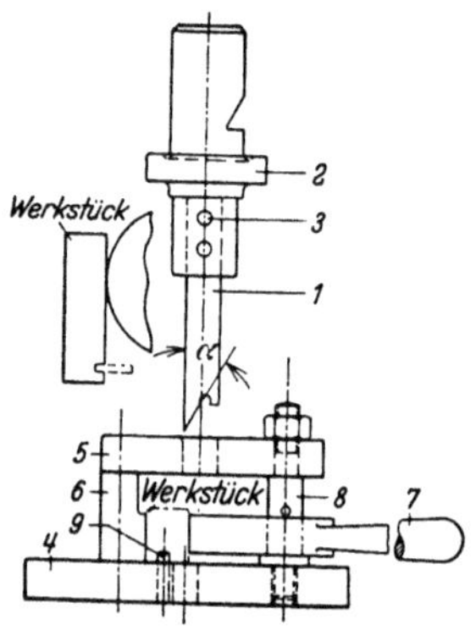

Pos.	Gegenstand	Werkstoff	Norm	Bemerkungen
1	Schälstempel	Werkzeugstahl s. Tab. XV/XVI		gehärtet
2	Stempelkopf	St 42·11	DIN 810	
3	Zylinderstifte	St 50·11	DIN 7	
4	Grundplatte	St 42·11		
5	Führungsplatte	St 42·11, St 50·11		
6	Zwischenplatte	St 42·11		
7	Exzenter-Spannhebel. .	ECN 35		Druckfläche gehärtet
8	Bolzen	St 42·11		
9	Anlagestifte	St 50·11	DIN 7	

18. Abschälschnitt.

(Werkzeugblatt 18.)

Abschälschnitte gehören eigentlich nicht zur spanlosen, sondern zur spanabhebenden Formung. Sie werden jedoch häufig unter Pressen in Stanzereien verwendet, wo man sehr weiches Material zerspant. Infolge dieser spanabhebenden Bearbeitung ähneln derartige Schneidvorrichtungen weniger Schnitten, sondern mehr den Werkstück-Einspannvorrichtungen, wie sie unter Stoßmaschinen gebräuchlich sind. Im Werkzeugblatt 18 ist ein derartiges Werkzeug angegeben, welches dazu dient, an den Enden von rechteckigen Kupferstücken einen schmalen Schlitz zu erzeugen. Dies bedingt zunächst eine gute Führung des Schneidstahles in der Führungsplatte. Bevor die Schneidespitze auf dem Werkstück aufsitzt, muß der Schneidstempel in der Führungsplatte allseitig gehalten sein, um ein seitliches Abdrängen zu vermeiden. Die Festspannung der Werkstücke geschieht meist mittels Schrauben. Exzenterspannung ist natürlich zweckmäßiger und für größere Stückzahlen unbedingt zu empfehlen, läßt sich jedoch nicht in allen Fällen anwenden oder zumindest nur unter Zwischenschaltung anderer Elemente. Im vorliegenden Falle liegt die Anordnungsmöglichkeit eines direkt wirkenden Spannexzenters besonders günstig. Das Werkstück wird gegen eine Fläche angelegt und durch vorstehende Stifte gegen seitliches Verschieben gehalten. Wie bei allen Vorrichtungen der spanabhebenden Verarbeitung ist auf eine gute Reinigungsmöglichkeit der Werkstückaufnahmefläche von Spänen zu achten.

Die Schnittwinkel α der Abschälschneidstempel sind von der Härte des Materials abhängig. Für weiches Kupfer ist ein Winkel α von 35° zweckmäßig. Für Zink wählt man ein α zu 45°. Härtere Werkstoffe lassen sich nur schlecht auf diese Weise bearbeiten.

C. Biegewerkzeuge.

1. Allgemeines.

Die über Grundplatten, Einspannzapfen der Stempelköpfe und Stempelhalteplatten gemachten Angaben unter Abschnitt A dieses Buches behalten auch für die Biegewerkzeuge ihre Gültigkeit.

Der Arbeitsdruck für die Biegewerkzeuge ist in der Regel geringer als bei Schnitten. Schwere Kümpelarbeiten sind hiervon natürlich ausgenommen. Die Beanspruchung der Biegewerkzeuge erfolgt jedoch nicht allein in Richtung der Stempelbewegung, also senkrecht zum Arbeitstisch wie bei den Schnitten, sondern gleichzeitig in der Horizontalen seitlich. Deshalb sind die Biegegesenke auch für leichtere Arbeiten auf der Grundplatte nicht allein mit Zylinderschrauben befestigt, sondern die Gesenkteile werden sowohl auf der Grundplatte als auch am Oberteil in bis zu 10 mm tief eingehobelte Aussparungen eingelassen, wie dies die Werkzeugblätter 20, 22 und 23 zeigen. Ein Einsetzen nach Art des Schwalbenschwanzes ist teuer und deshalb zu vermeiden.

Bei Biegearbeiten werden in noch stärkerem Maße als im Schnittbau Werkzeuge mit eingebauten Auswerfern[1]) verwendet, die unter Überwindung eines Federdruckes beim Niedergang des Stempels herabgedrückt werden und beim Heben des Stempels das gebogene Werkstück aus dem Biegegesenk herausstoßen.

Die Anordnung derartiger Auswerfer, insbesondere für Biegestanzen, bedingt verhältnismäßig hohe und deshalb teure Werkzeuge. Sind nur wenige Biegestanzen, also etwa weniger als 8, für längere Zeit zu betreiben, so kann man in diesem Falle den Auswerfer in die Werkzeuge einbauen und die hierdurch bedingten Kosten der Federn und des höheren Unterteiles mit in Kauf nehmen, soweit dies die Abstände zwischen unterster Tisch-

[1]) Siehe hierzu Kaczmarek: Die moderne Stanzerei (Berlin 1929) S. 62 Abb. 68.

stellung und unterer Stößelstellung der vorhandenen Pressen gestatten. Finden dagegen auf einer Presse zahlreiche verschiedene Biegestanzen innerhalb kurzer Zeiträume Aufstellung, so empfiehlt es sich, aus Ersparnisgründen nur solche Werkzeuge einzurichten, welche durch Federdruck eines auf dem Tische montierten Auswerferapparates nach oben gedrückte Auswerferbolzen aufweisen. Ein derartiger Apparat, wie er in Abb. 15 gezeigt wird, besteht aus einer Platte, welche auf den Maschinentisch derart aufgesetzt wird, daß die Traversenbolzen nach unten durch den Maschinentisch vorstehen und unter Druck eines Federtellers gehalten werden. Das Unterteil des Biegewerkzeuges wird dann auf die Oberplatte dieser Vorrichtung derart aufgeschraubt, daß die Auswerferbolzen des Werkzeuges an ihrer unteren Fläche auf derselben aufsitzen. Wird nun der Biegestempel das Werkstück gegen die Auswerferbolzen herabdrücken, so werden diese wiederum die Druckplatte und mit ihr die Stifte samt Federteller nach unten bewegen unter Zusammendrückung der Druckfeder. Bei großen Biegestanzen wird man auch mehrere Auswerfer in weiteren Abständen und eine entsprechend größere Druckplatte verwenden. Dort empfiehlt es sich, die Auswerferplatte nicht durch eine einzige zentrische Feder, sondern durch mehrere Spiralfedern, welche gleichmäßig über den Umfang verteilt sind, zu stützen. Man wird für derart große Biegewerkzeuge mehrere Aussparungen und größere Gewindebohrungen im Maschinentisch vorsehen zwecks Aufnahme eines derartigen Auswerferapparates und deshalb von vornherein nur eine bestimmte größere Maschine hierfür auswählen, während man bei den kleineren Maschinen kleine Aussparungen und Gewindebohrungen im Tisch mit Auswerfervorrichtung für kleinere Werkzeuge anbringt.

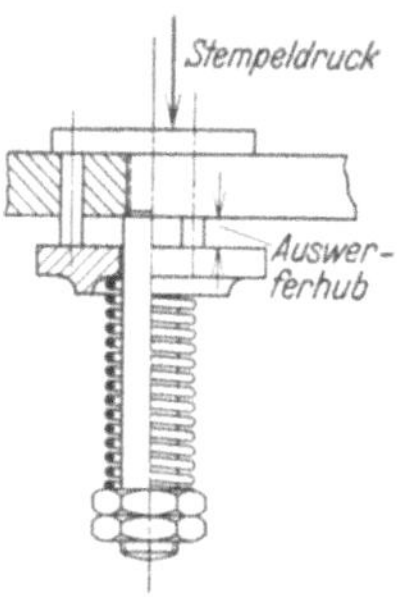

Abb. 15. Auswerfervorrichtung an Maschinentischen von Pressen in nach unten durchgedrückter Stellung.

Kreisförmig oder oval gebogene Werkstücke bzw. solche, die zu einem geschlossenen Hohlkörper fertig gebogen werden, werden auf Werkzeugen mit sog. Einlegedornen hergestellt. Ein Ausführungsbeispiel hierzu zeigt Werkzeugblatt 22.

Das Abziehen von auf Dorn gepreßten Werkstücken geschieht in der Regel derart, daß der Dorn mit dem Werkstück in eine Vorrichtung eingespannt wird und das Abziehen mittels eines Handhebels erfolgt. Häufig findet man eine derartige Vorrichtung neben dem Unterteil des jeweiligen Drückwerkzeuges auf einer gemeinsamen Grundplatte angeschraubt. Es empfiehlt sich bei Wiederholung derartiger Arbeiten für verschiedenste Werkstücke eine Universal-Abziehvorrichtung, die man in Fällen des Bedarfes auf die Grundplatte des jeweiligen Werkzeuges aufschraubt und auf dieser die erforderliche freie Fläche und Befestigungslöcher vorsieht. Diese Universalvorrichtung besteht gemäß Abb. 16 aus einer Grundplatte, auf der ein auf einem Zapfen drehbar angeordneter Zangenhebel mit Handgriff sich befindet, und ferner ein Einlegewinkel für den Dorn, welcher auf einer kleinen Drehscheibe, die auf Kugellager läuft, angeschraubt ist. Sowohl diese Einlegewinkel als auch der Zangenkörper selbst sind auswechselbar, denn ihre Konstruktionsmaße sind von den jeweiligen Abmessungen des Dornes und des Werkstückes abhängig und entsprechend auszuführen.

Nach dem Stanzen des Werkstückes wird der Dorn mit der linken Hand derart in den Winkel eingelegt, daß sein Bund am Winkel anstößt. Mit der rechten Hand wird der Abziehhebel getätigt, nachdem durch Drehen des Dornes und des Winkels das freie Ende des Dornes in die Abziehzange hineingedrückt wird. Es ist hierbei zu beachten, daß die Dorne am freien Ende leicht konisch verlaufen, so daß nur ein verhältnismäßig kurzer Weg genügt, um das Werkstück vom Dorn zu befreien. Das Verhältnis der Länge L zu a ist zwecks einer ausreichenden Abzugskraft möglichst groß zu wählen.

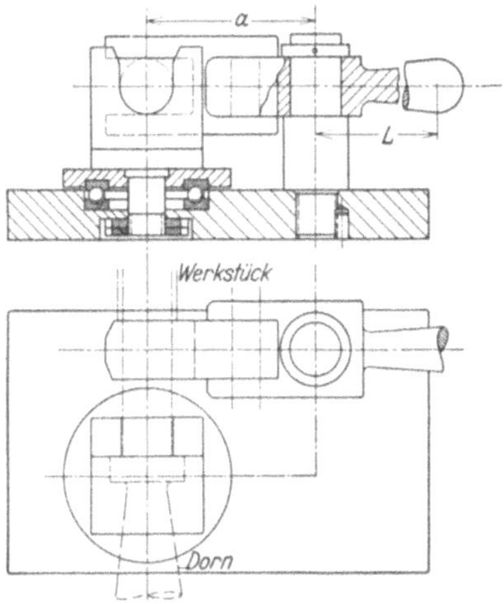

Abb. 16. Abziehvorrichtung für Biegedorne.

Eine andere recht zweckmäßige und billige Vorrichtung ist in der Abb. 17 angegeben. Die Dorne D sind am unteren Ende, also an der Seite des Griffes, ringförmig umgeschmiedet. Nach dem Stanzen wird dieser Ring über einen Zapfen a geschoben, der am Stößel der Presse befestigt ist. Am oberen Teil der Schlittenführung befindet sich ein drehbarer Gabelkörper b, in dessen Gabelschenkel der Dorn D eingelegt wird. Nunmehr wird die Presse eingerückt, der Stößel und mit ihm der Zapfen a werden nach unten bewegt, so daß in der Gabelführung der Dorn nach unten gleitet. Dabei wird schließlich das auf dem Dorn D befindliche Werkstück W auf die Stirnseite des Gabelstückes aufstoßen und vom Dorn D abgezogen werden. Das Werkstück W fällt dann herab auf eine Rutsche c und gleitet von dieser in den Sammelkorb für die Werkstücke. Diese Vorrichtung ist billig, zeitsparend und vielen Betrieben noch unbekannt.

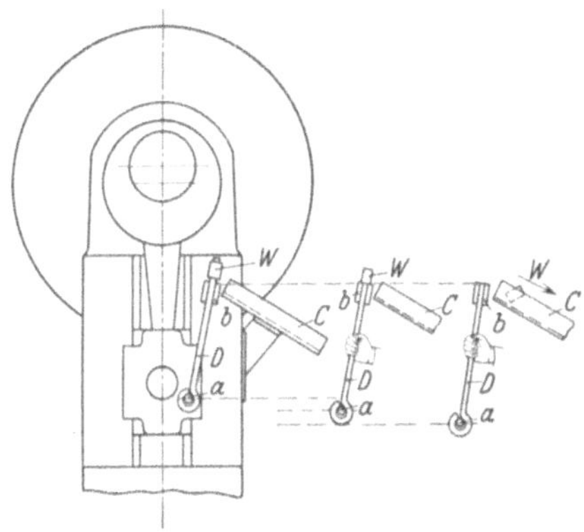

Abb. 17. Abziehvorrichtung an der Exzenterpresse.

Die auf Dornwerkzeugen hergestellten Hohlkörper werden seltener durch einfach wirkende Stempel in einem Arbeitsgang angefertigt. In der Regel wird vielmehr zunächst der Oberstempel das Werkstück umstülpen. Die Fertigbiegung erfolgt durch seitlich drückende Biegewerkzeuge. Der

Vorschub derartiger Seitenstempel, welche im Unterteil des Werkzeuges geführt sind, geschieht mittels keilartiger Kurven, welche am Stempeloberteil befestigt sind. In der Abb. 4 des Abschnittes A 3 wurden 5 derartige Ausführungsformen angegeben.

Beim Biegen[1]) wird man öfters mit der Abfederung der Werkstücke zu rechnen haben, d. h. die Werkstücke zeigen das Bestreben, sich in ihre

Tabelle VII.
Höchstwerte der Abfederungswinkel für rechtwinklige Biegungen.

Werkstoff	Blechstärke *s* mm	Innerer Krümmungshalbmesser *r* mm	Abfederungswinkel Grad
Stahl, weich (Stanzblech) Messing, weich (22 kg/mm² Festigkeit) Aluminium Zink	bis 0,8	unter 1 *s*	4
		1 *s* bis 5 *s*	5
		über 5 *s*	6
	0,8 bis 2,0	unter 1 *s*	2
		1 *s* bis 5 *s*	3
		über 5 *s*	4
	über 2,0	unter 1 *s*	0
		1 *s* bis 5 *s*	1
		über 5 *s*	2
Stahl, mittelhart (ca. 40 kg/mm² Festigkeit) Messing, hart (35 kg/mm² Festigkeit) Bronze, hart	bis 0,8	unter 1 *s*	5
		1 *s* bis 5 *s*	6
		über 5 *s*	8
	0,8 bis 2,0	unter 1 *s*	2
		1 *s* bis 5 *s*	3
		über 5 *s*	5
	über 2,0	unter 1 *s*	0
		1 *s* bis 5 *s*	1
		über 5 *s*	3
Stahl, hart (60 kg/mm² Festigkeit)	bis 0,8	unter 1 *s*	7
		1 *s* bis 5 *s*	9
		über 5 *s*	12
	0,8 bis 2,0	unter 1 *s*	4
		1 *s* bis 5 *s*	5
		über 5 *s*	7
	über 2,0	unter 1 *s*	2
		1 *s* bis 5 *s*	3
		über 5 *s*	5

frühere Gestalt zurückzuverformen. Man wird deshalb die Werkstücke um ein bestimmtes Maß über das gewollte herüberbiegen, so daß sich nach der Rückfederung der endgültige und richtige Biegungswinkel von allein einstellt. Dieses Maß der Rückfederung hängt von der Blechstärke, von der Krümmung der Biegung und nicht zuletzt von der Art des Werkstoffes ab. Weiche Werkstoffe werden weniger abfedern als härtere[2]). Auf Grund von

[1]) Für das Einstellen von Biegewerkzeugen sei auf das Werkstattblatt IX (München 1935) hingewiesen.

[2]) In der Werkst.-Techn. 1926 Heft 13 S. 424 sind einige andere Abfederungswinkel angegeben ohne Berücksichtigung von Krümmungen und Blechstärke. Für SM-Federstahl, ungehärtet, wird dort ein Wert von 10 bis 15° genannt.

Betriebsversuchen kann man etwa die in der Zahlentafel VII angegebenen Durchschnittswerte von Abfederungswinkeln empfehlen.

2. Biegeradius und Abwicklungslänge.

Die beim Biegevorgang auftretende theoretische Maximaldehnung berechnet sich nach folgender Formel:

$$\varepsilon = \frac{1}{2\frac{r}{s} + 1}. \tag{21}$$

Hierin bedeuten r den inneren Biegeradius und s die Stärke des Werkstoffes. Man müßte annehmen, daß bei Überschreiten der Zerreißdehnung an der äußeren Faser das Material aufreißt. Versuche[1]) haben bewiesen, daß eine weitere Überanstrengung des Materials möglich ist, ohne daß deshalb ein Reißen auftritt. Der geringst zulässige innere Biegungsradius in Abhängigkeit von der Materialstärke wird durch das Diagramm der Abb. 18 veranschaulicht. Die Kurven sind beinahe geradlinig und treffen strahlenförmig das Achsenkreuz, so daß man für den geringst zulässigen inneren Biegeradius $r_{\min}$ etwa folgende einfache Beziehung findet:

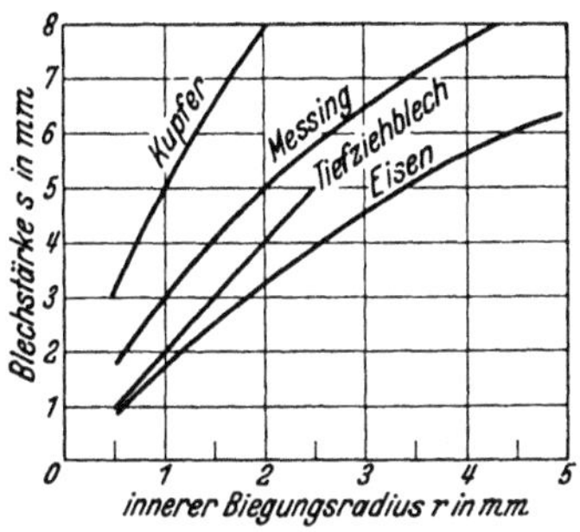

Abb. 18. Abhängigkeit des geringst zulässigen Biegeradius von der Werkstoffstärke.

$$r_{\min} = K \cdot s. \tag{22}$$

Unter s ist die Materialstärke zu verstehen, unter K ein Koeffizient, welcher von der Werkstoffbeschaffenheit abhängig ist. Es gelten hierfür die K-Werte der Zahlentafel VIII. Das zu biegende Material wird bei der Verformung verschoben, und zwar derart, daß die inneren Fasern gestaucht werden und sich dort nach außen zu verbreitern suchen, während die auf Dehnung beanspruchten äußeren Fasern nach einwärts gezogen werden. Interessant hierbei ist, daß der Betrag dieser Breitenabweichungen x und y beinahe gleich ist. Bezeichnet man die ursprüngliche Breite des zu biegenden Streifens mit d, die an der Biegestelle innere größere Breite mit b_1 und die an der äußeren Faser infolge der Zusammenziehung verkürzte Breite mit b_2, so ergaben die Versuche annähernd $b_1 - b = x = b - b_2$. Für scharfe Abrundungsradien bis zu 5 mm gilt etwa die Beziehung:

Tabelle VIII. Koeffizient *K* zur Ermittlung des geringst zulässigen inneren Biegeradius.

Werkstoff	Koeffizient K
Kupfer	0,25
Messing, hart	0,40
Messing, weich . . .	0,30
Stahl, weich (Tiefziehblech)	0,50
Stahl, mittelhart . .	0,55

$$x = 0{,}3s - 0{,}3 \text{ mm}. \tag{23}$$

[1]) Die obigen Versuche wurden im Rahmen der Arbeitsgemeinschaft Deutscher Betriebs-Ingenieure, Ortsgruppe Dresden, Abt. Unterausschuß für Vorrichtungen und Werkstoff-Prüfungen im Sommer des Jahres 1929 vom Verfasser vorgenommen.

Dies ist bei starken Blechen dann von besonderer Bedeutung, wenn das gebogene Stück auf genau gleiche Breiten gehalten werden muß, eine Aufgabe, die bei scharfem Abwinkeln nie ohne Nacharbeit erfüllt werden kann.

Diese Verformungen im Werkstoff bringen es mit sich, daß die Zuschnittslänge oder gestreckte Länge der zu biegenden Teile sich nicht absolut mit der neutralen Faser deckt. Unter „neutraler Faser" wird die Linie verstanden, welche inmitten des Querschnittes des gebogenen Teiles verläuft, diese Linie ist also von beiden Seiten des Bleches gleich weit entfernt. Es hat sich jedoch gezeigt, daß die geometrisch mittlere Faser ihrem Verhalten nach nicht immer als neutrale Faser betrachtet werden darf, sondern daß die geometrisch mittlere Faser in der Biegung doch etwas auf Zug beansprucht wird. Aus diesem Grunde erscheint es notwendig, hierfür Korrekturfaktoren aufzustellen, welche von der Art der Krümmung abhängig sind. Bei sehr scharfer Krümmung liegt die tatsächlich neutrale Faser ziemlich weit an der Innenseite, während sie bei flacher Krümmung fast in der Mitte der Blechstärke liegt. Sind a und b die geraden Schenkel, der Winkel φ der Biegungswinkel, r der innere Krümmungsradius und s die Blechstärke, so gilt folgende Beziehung:

$$\text{Zuschnittslänge } L_z = a + \frac{\pi \cdot \varphi}{180}\left(r + \frac{s}{2}(\xi)\right) + b. \qquad (24)$$

Der Faktor ξ wird gemäß des Grades der Krümmung nach der folgenden Zahlentafel IX festgestellt:

Tabelle IX.
Koeffizient ξ zur Ermittlung der Zuschnittslängen gebogener Werkstücke.

Innerer Krümmungsradius r in Abhängigkeit von der Blechstärke s. Verhältnis: r/s	5,0	3,0	2,0	1,2	0,8	0,5
Korrekturfaktor ξ.	1,0	0,9	0,8	0,7	0,6	0,5

Außer der Rechnung nach der neutralen Faser oder mittels des oben angegebenen Korrekturfaktors ξ gibt es noch verschiedene andere Methoden, von denen das Ermittlungsverfahren nach Feichtinger[1]) am einfachsten ist. Feichtinger empfiehlt, daß für jede einzelne Biegung zu der Summe der Innenmaße des Winkels eine halbe Blechstärke zugegeben werden muß. Dies gilt für Winkel zwischen 90 und 180°.

Ein anderes von Selander[2]) empfohlenes Verfahren beruht darauf, daß für die Anzahl der Biegungen in verschiedenen Richtungen Korrekturzahlen eingefügt werden, welche in erster Linie von der Blechstärke und ferner von dem rechten Winkel im einen Sinne und verkehrtem Winkel im gleichen Sinne abhängig sind.

Ein Mangel sämtlicher derartiger Verfahren ist der, daß die Art des Werkstoffes hierbei nirgends Berücksichtigung findet. Aus diesem Grunde können alle diese Ermittlungsverfahren auch nur Annäherungsverfahren bedeuten. Bei sehr genauer Ausführung wird man um Versuche nicht

[1]) Siehe dessen Ausführungen in der Werkst.-Techn. vom Oktober 1917 S. 313.

[2]) Siehe hierzu Machinery Mai 1911 S. 721 und ebenda Februar 1916 S. 473. Eine sehr ausführliche Behandlung dieses Verfahrens gibt Kurrein in seinem Buche: Die Werkzeuge und Arbeitsverfahren der Pressen (Berlin 1927) auf S. 599. Dort sind außer einem durchgerechneten Beispiel die Zahlentafeln für die Korrekturzahlen angegeben.

herumkommen, wenn es sich überhaupt nicht als zweckmäßig erweist, die Werkstücke nach dem Biegevorgang nochmals auf genaue Längen zu beschneiden.

Beispiele: Für das in der Abb. 19 angegebene U-förmig gebogene Stück Bandeisen von 6 mm Stärke ist die gestreckte Länge zu ermitteln. Der innere Abstand der beiden Schenkel gleicher Höhe, 50 mm von innen aus gemessen, betrage 200 mm, die eine innere Abrundung 20 mm, die andere nur 2 mm. Der Biegewinkel φ entspricht 90°.

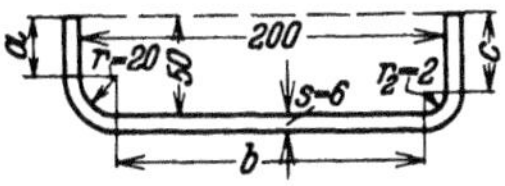

Abb. 19. Ermittlung der gestreckten Länge.

An geraden Längen bedeuten a, b und c:

$$a = 50 - 20 = 30 \text{ mm},$$
$$b = 200 - 22 = 178 \text{ mm},$$
$$c = 50 - 2 = 48 \text{ mm}.$$

I. Die Ermittlung der neutralen Faser ergibt folgende Beziehungen:

$$L_z = a + \left(r_1 + \frac{s}{2}\right)\frac{\pi}{2} + b + \left(r_2 + \frac{s}{2}\right)\frac{\pi}{2} + c,$$
$$L_z = 30 + 36{,}2 + 178 + 7{,}9 + 48 = \mathbf{300{,}1\ mm}.$$

II. Gemäß Korrekturfaktor nach Zahlentafel IX ergibt sich hiernach die Beziehung:

$$L_z = a + \left(r_1 + \xi_1 \cdot \frac{s}{2}\right)\frac{\pi}{2} + b + \left(r_2 + \xi_2 \cdot \frac{s}{2}\right)\frac{\pi}{2} + c,$$

mit $\xi_1 = 0{,}9$, da $r_1/s = 3$, und mit $\xi_2 = 0{,}5$, da $r_2/s \leqq 0{,}5$ ist, ergibt sich hiernach die gestreckte Länge:

$$L_z = 30 + 35{,}7 + 178 + 5{,}5 + 48 = \mathbf{297{,}2\ mm}.$$

III. Nach Feichtinger gelten die obigen Werte für a, b und c nicht, sondern hier müssen die ganzen inneren Längen eingesetzt werden ohne Rücksicht darauf, daß die Krümmung bereits vorher beginnt. Es gilt hiernach:

$$L_z = a_0 + \frac{s}{2} + b_0 + \frac{s}{2} + c_0,$$
$$L_z = 50 + 3 + 200 + 3 + 50 = \mathbf{306\ mm}.$$

3. Biegestanze für Winkel.

(Werkzeugblatt 19.)

Beim Biegen sehr kleiner gleichschenkliger Winkel bis zu etwa 25 mm Schenkellänge und 20 mm Breite wird man den Winkelstempel als unteres Ende des Einspannzapfens ausbilden[1]). Der Stempel besteht dann aus einem einzigen Stück. Bei nur wenig größeren gleichschenkligen Winkelstempeln bis zu etwa 60 mm Schenkellänge und 40 mm Breite kann man den Stempelaufnahmezapfen aus dem Material des Stempels herausdrehen, und erst bei noch größeren zu biegenden Winkeln wird man das Biegeoberteil aus Einspannzapfen und Stempel mehrteilig ausführen. Das Unterteil des Werkzeuges, welches in der Regel auf einer größeren Grundplatte aufgeschraubt ist, ist mit Anschlägen zur Einlage des Werkstückes versehen. Diese Anschläge bestehen entweder aus eingeschlagenen Stiften oder aus entsprechend ausgeschnittenen Blechen, die auf das Unterteil aufgeschraubt werden. In den Fällen, wo ein Schnittwerkzeug für das zu biegende Teil bereits angefertigt ist, kann man auf diesem Schnitt selbst die Einlegeschablone herstellen, was insbesonders für unregelmäßige Werkstücke eine beträchtliche Ersparnis bedeutet. Gemäß der Ausführung A sind diese Bleche im Winkel abgebogen und an der äußeren Seite des Unterteiles

[1]) Über die Ausbildung von Biegestanzen sei hier nur verwiesen auf: Kaczmarek: Die moderne Stanzerei (Berlin 1929) S. 64 Abb. 69. — Litz-Evers: Spanlose Formung (ADB Bd. IV, Berlin 1926) S. 82ff. — AWF Stanznormen 5301—5303. — Werkst.-Techn. 1926 Heft 1 S. 16 Abb. 13—23.

mittels Schrauben befestigt, während nach Ausführung B die Befestigung dieser Bleche an der Oberfläche des Unterteiles erfolgt. Die erstere Ausführung hat den nicht unerheblichen Vorteil, daß bei einer nachträglichen Änderung[1]) des Werkstückes das Drückwerkzeug, dessen Oberfläche durch keinerlei Bohrungen unterbrochen ist, auch für andere Zwecke zu verwenden ist. Die Ausführung B ist gegenüber der Ausführung A etwas billiger und dürfte auch für die meisten Fälle genügen.

Es ist stets vorteilhaft, Biegestanzen als Säulenwerkzeuge auszuführen[2]). (Im Werkzeugblatt 19 nicht besonders angegeben!)

Einfache Winkelstanze | Werkzeugblatt 19

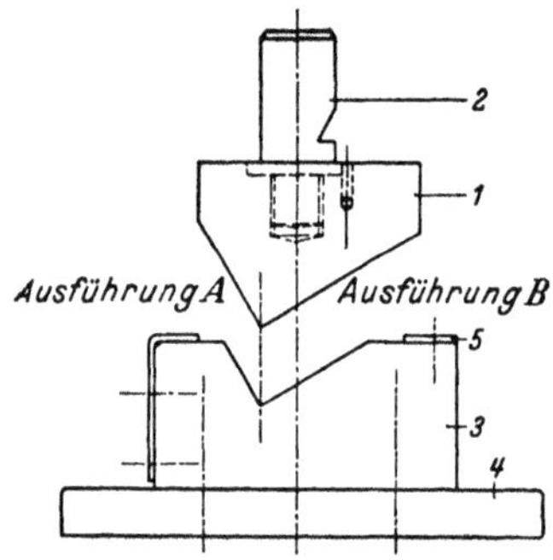

Pos.	Gegenstand	Werkstoff	Norm	Bemerkungen
1	Biegestempel	Werkzeugstahl s. Tab. XVII/XVIII	AWF 5301	gehärtet
2	Einspannzapfen	St 42·11	AWF 5901 DIN 810	
3	Biegegesenk	Werkzeugstahl s. Tab. XVII/XVIII	AWF 5904 (3–5)	gehärtet
4	Grundplatte	St 42·11		
5	Anlegeblech	St 42·11		

Auf die Biegewerkzeuge für Drahtstücke, die diesen Werkzeugen ähnlich sind, jedoch für ihre speziellen Zwecke entsprechend gestaltet sein müssen, kann im Rahmen dieses Buches nicht näher eingegangen werden. Es sei hier vielmehr nur auf die betreffende Spezialliteratur kurz verwiesen[3]).

[1]) Ein interessantes Universal-Biegewerkzeug für verschieden lange Kupfersegmente von Hebelschaltern ist in der Werkst.-Techn. 1923 Heft 8 S. 256 angegeben.

[2]) AWF Werkzeugnormen für Stanzen Nr. 5301.

[3]) Über Drahtbiegewerkzeuge und Vorrichtungen für die verschiedensten Zwecke geben Aufschluß: Kurrein: Werkzeuge und Arbeitsverfahren der Pressen (Berlin 1927) S. 543. — Schubert: Stanz-, Zieh- und Prägetechnik (Leipzig 1931) Abschn. XXI S. 180—198. — Werkst.-Techn. 1927 Heft 7 S. 185; ebenda 1928 Heft 19 S. 537; ebenda 1931 Heft 1 S. 82; Machinery, Dezember 1930 S. 279; Werkst.-Techn. 1926 Heft 13 S. 429. Diese letztangegebene Veröffentlichung beschäftigt sich insbesondere mit Handbiegevorrichtungen für Ösen, Haken, Ringe usw. — Berger: Werkzeug zum Biegen kräftiger Drahtösen (Werkstatt u. Betrieb 1935 S. 325). — In der Zeitschrift Werkstatt u. Betrieb 1934 S. 304 wird über die Massenfertigung feiner Drahtglieder berichtet.

Beim Biegen von Hohlkörpern, z. B. Rohren, sind besondere Vorsichtsmaßnahmen gegen Zusammenknicken zu treffen, evtl. sind diese Hohlkörper vor dem Biegearbeitsgang mit feinem Sand auszufüllen und zu verschließen. Die Werkstücke sind langsam über einen der Biegung entsprechend gekrümmten Dorn herüberzuziehen[1]). Nach Möglichkeit sind diese Arbeiten nicht auf einer Presse, sondern auf einer Rohrbiegemaschine zu vollziehen.

Doppelwinkelstanze	Werkzeugblatt 20

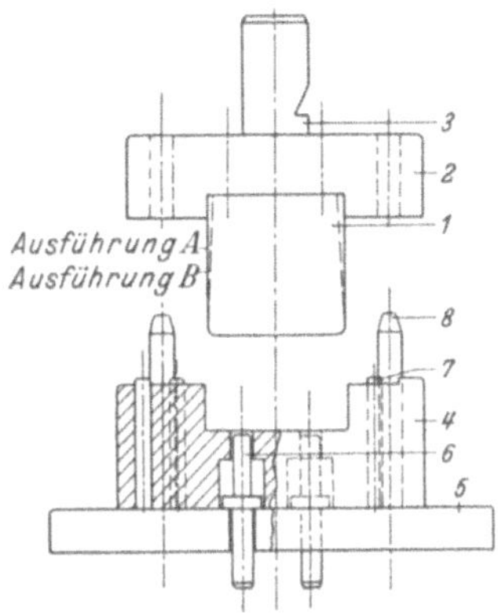

Pos.	Gegenstand	Werkstoff	Norm	Bemerkungen
1	Biegestempel	Werkzeugstahl s. Tab. XVII/XVIII		gehärtet
2	Stempelkopf	St 42·11	AWF 5903	
3	Einspannzapfen	St 42·11	AWF 5901 DIN 810	
4	Biegegesenk	Werkzeugstahl s. Tab. XVII/XVIII	} AWF 5904	gehärtet
5	Grundplatte	St 42·11		
6	Auswerferbolzen . . .	St 42·11		
7	Anlagestifte	St 50·11	DIN 7	
8	Führungsbolzen	ECN 35		im Einsatz gehärtet

4. Doppelwinkelstanze mit Auswerfer[2]).

(Werkzeugblatt 20.)

Die in diesem Blatt gezeigte Führung geschieht nicht in Säulen, sondern nur in Stiften, welche erst vor dem Biegearbeitsgang in die Führung des Oberteiles eingreifen. Diese Ausführung ist billig, birgt ferner den Vorteil

[1]) In der Werkst.-Techn. 1924 Heft 23 S. 719 wird eine Biegestanze für Überlaufrohre von Autokühlern gezeigt.

[2]) Ausführungen von Doppelwinkelstanzen mit und ohne Auswerfer zeigt Kaczmarek in seinem Buch: Die moderne Stanzerei (Berlin 1929) auf S. 68ff. — Andere Bauarten zeigen: AWF Stanznormen Nr. 5311; Werkst.-Techn. 1927 Heft 1 S. 17 Abb. 7—10 (Biegegesenk für Blechdeckel); Masch.-Bau 1932 Heft 23 S. 491 Abb. 4 und 5. — Haase: Biegevorrichtungen für Klemmenkontakte, Werkst.-Techn. 1933 Heft 20 S. 397.

in sich, daß die Einlegearbeit durch Säulen nicht behindert wird, und genügt für leichte und mittelschwere Arbeiten vollständig.

Die hier gezeigte zweiteilige[1]) Auswerferkonstruktion ist für eine auf dem Maschinentisch bereits vorgesehene Auswerferplatte (s. Abb. 15) vorgesehen. Ist eine derartige Einrichtung nicht vorhanden bzw. lohnt deren besondere Herstellung nicht, so muß unter dem Bund der Auswerferstifte (Teil 6) eine Feder eingebaut werden[2]). Dies bedingt wiederum eine Vergrößerung der Bauhöhe des Unterteiles (Teil 4).

Verarbeitet man auf Doppelwinkelstanzen stark rückfederndes Material, so kommt man mit der einfachen rechtwinkligen Ausführung des Biegestempels gemäß der Ausführung A nicht aus. Die Ausführung B zeigt gestrichelt gezeichnet eine gleichmäßige Verjüngung des Biegestempels nach dessen oberen Teil zu, so daß infolge der Materialverdrängung an der Biegekante das Werkstück um eine Kleinigkeit über 90° hinaus gebogen wird. Diese den richtigen Winkel überschreitende Biegung wird durch die Rückfederung des Werkstückes wieder aufgehoben. Bei härteren Werkstoffen wird man deshalb Ausführung B gegenüber der Ausführung A vorziehen unter Berücksichtigung der in Zahlentafel VII angegebenen Rückfederungswinkel.

Im Werkzeugblatt 20 ist links die Fixierung des einzulegenden Werkstückes durch Stifte, rechts die Fixierung durch Stifte und Aussparung im Unterteil angegeben. Das Einarbeiten komplizierter Formen für die Einlage lohnt nicht[3]).

Werden die Doppelwinkel an ihren oberen Schenkeln nochmals nach einwärts umgebogen, so daß das Werkstück nahezu einen geschlossenen Hohlkörper bildet, so kann man sämtliche Biegungen in einem Arbeitsgang nur unter Zuhilfenahme von Seitenstempeln vornehmen[4]), wie diese unter Werkzeugblatt 14 und deren Leitkurvensteuerung unter Abb. 4 näher beschrieben sind. Nur bei sehr kurzen Einbiegungen der Schenkel nach innen kommt man ohne Seitenschieber aus durch Anwendung eines beweglichen, unter Federdruck stehenden Unterstempels[5]).

5. Planierwerkzeug.

(Werkzeugblatt 21.)

Beim Ausschneiden von Blechen unter Schnittwerkzeugen oder infolge unzweckmäßiger Lagerung entstehen zuweilen Spannungen, die eine leichte Verformung des Blechstückes mit sich bringen. In anderen Fällen ist der Blechstreifen bereits beim Einführen in das Schnittwerkzeug nicht gleichmäßig eben, so daß auch die herausgeschnittenen Teile keine einwandfrei ebene Fläche aufweisen. Meistens sind derartige ungewollte geringe Verbiegungen belanglos, manchmal wird man jedoch in dieser Hinsicht weit-

[1]) In der Werkst.-Techn. 1929 Heft 23 S. 684 wird eine Biegestanze mit über 300 Auswerferstiften gezeigt.

[2]) In Werkzeugmasch. 1929 Heft 5 S. 129 Abb. 11 zeigt Scheibe eine einfache Doppelwinkelstanze, deren gefederter Auswerfer im Oberteil untergebracht ist. Diese Konstruktion dürfte sich nur für federhartes Material bewähren da das Werkstück sonst im Unterteil haften bliebe.

[3]) Über Anschläge in Biegewerkzeugen berichtet Meißler in Werkstatt u. Betrieb 1934 auf S. 110.

[4]) Ausführungsbeispiele hierzu zeigen: Kurrein: Werkzeuge und Arbeitsverfahren der Pressen (Berlin 1927) S. 647 Abb. 867. — Schmid: in der Werkst.-Techn. 1926 Heft 9 S. 273 Abb. 1—2. — Werkst.-Techn. 1927 Heft 15 S. 443 Abb. 1—4.

[5]) Siehe hierzu AWF Stanznorm Nr. 5321.

gehende Ansprüche stellen und deshalb die fertig geschnittenen Werkstücke nochmals unter einem besonderen Werkzeug nachrichten. Für stärkere Bleche kommt ein Richten unter der Presse kaum in Frage, dies geschieht vielmehr durch Hammerschlag von Hand oder noch besser unter einer Blechrichtmaschine.

Die für schwächeres Material unter Pressen zu verwendenden Werkzeuge werden als Flachstanzen oder Planierwerkzeuge[1]) bezeichnet und für den jeweiligen Zweck verschiedenartig ausgeführt. Weiches Material von über 1 mm Stärke wird zwischen zwei plan geschliffene Werkzeugstahlblöcke ge-

Planierwerkzeug	Werkzeugblatt 21

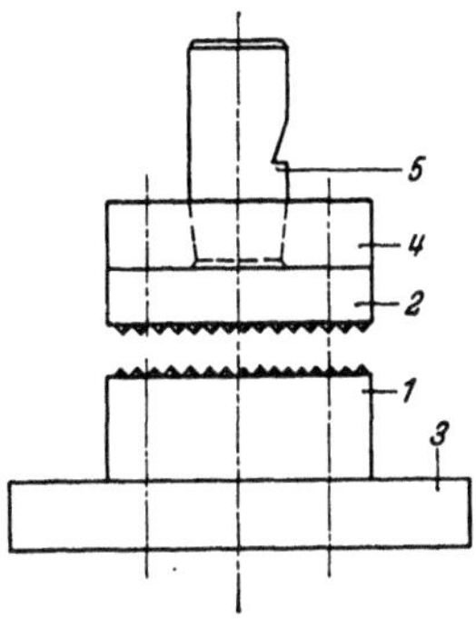

Pos.	Gegenstand	Werkstoff	Norm	Bemerkungen
1	Unterstempel	Werkzeugstahl		gehärtet
2	Oberstempel	(s. Text)	AWF 5904	
3	Grundplatte	St 42·11	AWF 5531	
4	Stempelkopf	St 42·11		
5	Einspannzapfen	St 42·11	AWF 5901 DIN 810	

drückt. Feinere Bleche, z. B. Kondensatorbleche des Radioapparatebaues, werden auf eine geschliffene Ebene gelegt und mittels eines gezahnten Stempels gerichtet (Teil 3). Das Zahnen der Druckfläche geschieht unter einem Profilwinkel von etwa 60 bis 90° durch Fräsen oder Hobeln bis zu einer Tiefe, die etwa der einfachen bis doppelten Materialstärke entspricht. In den meisten Fällen wird nicht nur die Druckplatte des Stempels (Teil 3), sondern auch die Druckplatte des Unterteiles (Teil 1) entsprechend gezahnt. Hierbei ist darauf zu achten, daß beim Arbeitsgang die Zahnspitzen den Zahnlücken gegenüberstehen[2]), weshalb man derartige Werkzeuge gern als Säulenwerkzeuge baut.

[1]) Konstruktionsausführungen zeigen u. a.: Kaczmarek: Die moderne Stanzerei (Berlin 1929) S. 76 Abb. 84. — Litz-Evers: Spanlose Formung (ADB Bd. IV, Berlin 1926) S. 86.

[2]) In bezug auf die Anordnung von Zahnspitze gegen Zahnspitze oder Zahnspitze gegen Zahnlücke bestehen unterschiedliche Meinungen. Bei stärkeren Blechen ist letztere Lösung unbedingt richtig. Siehe hierzu auch Göhre: Schnitte und Stanzen (Leipzig 1927) S. 188ff., ferner AWF 5531.

Für das Richten sehr schwacher und empfindlicher Bleche (z. B. Bronzeblech) ist bei der Zahnung zu beachten, daß die Zähne nicht in scharfe Spitzen auslaufen, da diese auf die Blechteile eine Schnittwirkung ausüben und die Festigkeit derselben beeinträchtigen würden. Deshalb führt man die Zahnung dort nur abgeflacht aus, so daß eine Fläche von etwa 1 mm^2 pro Zahn verbleibt. Erfolgt die Zahnteilung gleichmäßig, d. h. wird die Platte bei gleicher Teilung in der einen Richtung und in der anderen um 90° hierzu versetzt gehobelt bzw. gefräst, so erhält man als Druckflächen kleine Quadrate. Ist die Teilung in der einen Richtung größer als in der anderen, so werden die Druckflächen von Rechtecken begrenzt oder von Parallelogrammen, wenn die andere Bearbeitungsrichtung einen anderen Winkel als 90° mit der ersten einschließt. Die Art und Weise der Zahnung von Planierwerkzeugen ist von keiner besonderen Bedeutung für die Planierwirkung selbst, doch ist sie evtl. nicht unwichtig, wenn man gleichzeitig mit der Planierwirkung eine Musterung des gerichteten Bleches erzielen will. Aus Ersparnisgründen wird man versuchen, möglichst mit plan geschliffenen Druckplatten auszukommen und die Verzahnung nur dort anzuwenden, wo das Richten unter gewöhnlichen Planierwerkzeugen nicht genügt.

Für Ober- und Unterstempel sind am zweckmäßigsten Ölhärter zu wählen, die bereits im Anlieferungszustand eine verhältnismäßig hohe Härte von etwa $H_B = 220$ kg/mm^2 aufweisen. Nach dem Anlassen soll eine Rockwell-C-Härte von etwa 65 an der Arbeitsfläche erreicht werden. Im allgemeinen werden die Beanspruchungen unterschätzt, welche derartige Flachstanzen aushalten müssen.

6. Biegestanze für Einlegedorn[1]).

(Werkzeugblatt 22.)

Einlegedorne werden dort angewendet, wo an bereits hergestellten Hohlkörpern[2]) geringeren Durchmessers, also unter 40 mm, Formveränderungen vorgenommen werden oder wenn mittels des Stanzvorganges ein Hohlkörper hergestellt werden soll. Man findet als Mangel vieler derartiger Werkzeuge, daß unter den Dornen das Widerlager (Teil 6) fehlt und die Dorne deshalb durchfedern oder gar verbogen werden. Es ist also sehr wichtig, hierfür eine möglichst breite Aufsitzfläche und einen Werkstoff größerer Festigkeit zu wählen. Die gabelförmig ausgesparten Seitenstücke dienen nur zum bequemen Einlegen des Dornes, dagegen nicht als Auflage.

Die auf derartigen Dornen hergestellten Werkstücke sitzen natürlich fest auf und müssen mittels besonderer Abziehvorrichtungen (s. Abb. 16 u. 17) vom Dorn entfernt werden. Die Dorne sind mit einem guten Handgriff zu versehen.

Die hier gezeigte Stempelbefestigung (Teil 1 und Teil 2) empfiehlt sich nur bei langen Stempeln. Der Stempel ist fast mit seiner ganzen oberen Hälfte in der Oberplatte eingelassen und wird durch einige seitliche Schrau-

[1]) Weitere Konstruktionsausführungen sind angegeben: Göhre: Schnitte und Stanzen (Leipzig 1927) II S. 24 Abb. 44—47. — Werkst.-Techn. 1923 Heft 4 S. 106 (Rohrteile aus der Fahrradfabrikation) ebenda 1925 Heft 3 S. 120 Abb. 9—15 (Biegegesenk zum Flachdrücken runder Rohre); ebenda 1927 Heft 16 S. 479 Abb. 1—7 (Herstellung von Hohlkörpern aus Bandblech); Werkzeugmasch. 1929 Heft 5 S. 127 Abb. 3—4.

[2]) Nicht alle rohrförmigen Körper halten einer wie im folgenden beschriebenen Beanspruchung stand. Insbesondere sind die für nahtlos gezogene Stahlrohre gültigen Prüfvorschriften zu beachten. Siehe hierüber auch Masch.-Bau 1931 Heft 22 S. 706ff.

ben gehalten. Diese Ausführung ist billiger und zweckmäßiger als die Verwendung einer Stempelhalteplatte.

In sehr vielen Fällen ist bei Werkzeugen mit Einlegedornen die Anordnung von Seitenschiebern unerläßlich, unter Werkzeugblatt 20 (Doppelwinkelstanze) finden sich entsprechende Hinweise und Literaturangaben[1]). Bei sehr einfachen runden Formen kann man auf den Einlegedorn ganz

Biegestanze für Einlegedorn | Werkzeugblatt 22

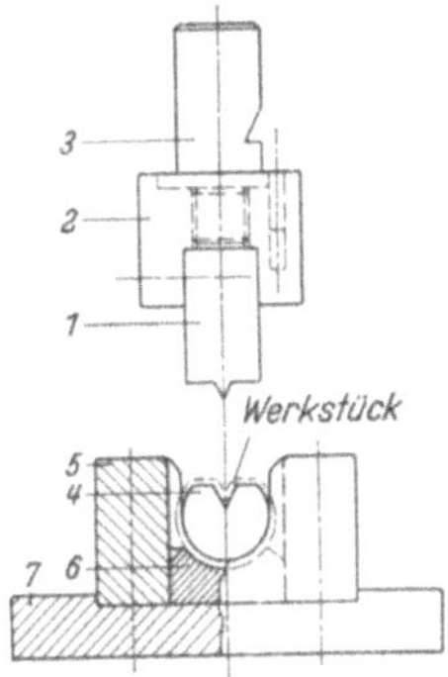

Pos.	Gegenstand	Werkstoff	Norm	Bemerkungen
1	Biegestempel	Werkzeugstahl s. Tab. XVII/XVIII		gehärtet
2	Stempelkopf	St 42·11	AWF 5903	
3	Einspannzapfen	St 42·11	AWF 5901 DIN 810	
4	Einlegedorn	Werkzeugstahl s. Tab. XVII/XVIII		gehärtet
5	Seitenplatte	St 42·11		
6	Dornauflage.	St 42·11		
7	Grundplatte	St 42·11	AWF 5904	

verzichten[2]), wenn dabei beachtet wird, daß der Werkstoff in der ihm anfänglich erteilten Verformungsrichtung ohne irgendwelche Behinderung weitergeschoben wird. Doch ist dieser Arbeitsgang nicht mehr als Biegen, sondern besser als Rollen zu bezeichnen, worüber die beiden folgenden Werkzeugblätter 23 und 24 näheren Aufschluß geben.

7. Rollbiegestanze.

(Werkzeugblatt 23.)

Rollwerkzeuge werden besonders zur Herstellung von Scharnieren an Schalterkappen und ähnlichen Blechteilen verwendet. Es kommt hierbei darauf an, daß das Werkstück an der Seite, wo es umgerollt werden soll,

[1]) Siehe Anm. 4 auf S. 64.

[2]) Kaczmarek zeigt in seinem Buch: Die moderne Stanzerei (Berlin 1929) auf S. 77 Abb. 81, 82 eine Formstanze für Schellenteile ohne Verwendung eines Einlegedornes.

beim Zuschneiden ein wenig seitlich umgebogen wird. Dies erreicht man dadurch, indem man bereits beim Schnitt die entsprechende Kante seitlich etwas abschleift, so daß sich beim Schneiden das Werkstück an diese anlegt. Das Werkstück wird zunächst in der bereits beschriebenen Weise

Rollbiegestanze	Werkzeugblatt 23

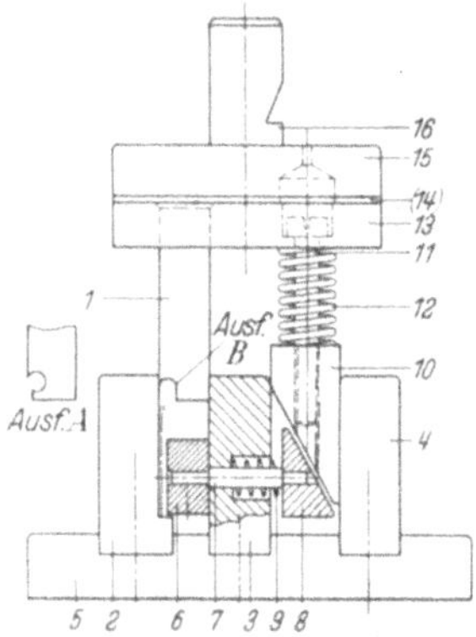

Pos.	Gegenstand	Werkstoff	Norm	Bemerkungen
1	Rollstempel	Werkzeugstahl (s. Text)	AWF 5401	gehärtet
2	Anlegeplatte	St 42·11		
3	Zwischenplatte	St 42·11		
4	Stützplatte	St 42·11		
5	Grundplatte	St 42·11		
6	Spannplatte.	St 42·11		
7	Bolzen	St 42·11		
8	Vorschubkeil	St 42·11		
9	Spiralfeder	Federstahl	DIN 2075	
10	Vorschubkurve	ECN 35		im Einsatz gehärtet
11	Zylinderkopfschraube .	St 42·11	DIN 84	
12	Spiralfeder	Federstahl	DIN 2075	
13	Stempelaufnahmeplatte	St 42·11		
(14)	Druckplatte	blauhartes Gußstahlblech		nur bei hohen Stempeldrücken in Verbindung mit Schnitten
15	Stempelkopf	St 42·11	DIN 5903	
16	Einspannzapfen	St 42·11	AWF 5901 DIN 810	

zwischen Teil 2 und Teil 6 eingelegt, so daß seine durch den Schnitt bereits erfolgte schwache Abwinkelung von dem niedergehenden Stempel (Teil 1) erfaßt und in dessen runder Aussparung umgebördelt wird[1]). Es gibt nun

[1]) Ähnliche Ausführungen finden sich: Kaczmarek: Die moderne Stanzerei (Berlin 1929) S. 73 Abb. 78—80. — Schubert: Stanz-, Zieh- und Prägetechnik (Leipzig 1931) S. 141 Abb. 1—3. — AWF Norm 5401.

verschiedene[1]) Ausführungen, bei denen entweder (Ausführung A) die Umlegung des zu biegenden Bördels fast vollständig zwangsschlüssig geschieht, während bei anderen Ausführungen nur der halbe Bördel umgelegt und durch den weiteren Niedergang des Stempels der Bördel führungslos ganz herumgeholt wird (Ausführung B). Erstere Ausführung, wie sie auch vom AWF vorgeschlagen ist, nimmt das Werkstück im Stempel selbst mit in die Höhe, so daß es aus diesem seitlich herausgezogen werden muß, während bei der zweiten Ausführung das Werkstück in der eingelegten Stellung auch nach dem Bördelschluß verbleibt. Das Einspannen des Werkstückes geschieht entweder von Hand mittels eines Exzenterhebels oder einer anderen Spannvorrichtung von Hand oder selbsttätig durch das Werkzeug. Letztere Ausführungen sind in der Herstellung etwas teurer, jedoch bei größerer Mengenfertigung unbedingt lohnend. Ein solches Werkzeug ist auch in der Zeichnung zu Werkzeugblatt 23 angegeben. Ein an der Stempelhalteplatte (Teil 13) befestigtes und unter Federdruck gehaltenes Keilstück (Teil 10), welches zwischen den Teilen 3 und 4 geführt ist, drückt beim Niedergang auf ein weiteres waagerecht geführtes Keilstück (Teil 8), das über einem Zapfen (Teil 7) mittels einer Spannbacke (Teil 6) das Werkstück festhält. Beim Aufwärtsgehen des Stempels wird auch das Keilstück 10 schließlich mit nach oben bewegt und das eingespannte Werkstück unter dem Federdruck einer verhältnismäßig schwachen Feder (Teil 9) freigegeben.

In vielen Fällen, und dies besonders bei größeren, flachen Werkstücken, wird man das Werkstück waagerecht auflegen und den Bördelstempel seitlich herandrücken, während man die Festspannung durch eine gefederte Auflage von oben bewirkt[2]). Hierbei ist die Wirkungsweise die umgekehrte als oben beschrieben.

Sollen Werkstücke an beiden Seiten[3]) angerollt werden, so empfiehlt sich stets die waagerechte Auflage des Werkstückes. Beide Rollstempel greifen seitlich an unter Steuerung durch Leitkurven, wie diese unter Abb. 4 näher beschrieben wurden.

Die Entscheidung für die Wahl des Werkstoffes der Rollstempel hängt von der jeweiligen Konstruktion ab. Bei geringen Beanspruchungen kann man unbedenklich die Stähle wählen, welche in der Tabelle XVII für scharfkantige Biegeradien empfohlen werden. Ebenso haben die dort angegebenen Stähle auch da Gültigkeit, wo der Rollstempel an seinem Ende genügend stark dimensioniert werden kann. Dies trifft im Ausführungsbeispiel zum Werkzeugblatt 24 Teil 1 zu. Wenn hingegen gemäß Werkzeugblatt 23 der Rollstempel in der messerartig zugeschärften Form Verwendung finden soll, so ist ein besonders zäher Ölhärter zu verwenden. Derartige Rollstempel brauchen weniger einer Stoßbeanspruchung standzuhalten, müssen jedoch bei harter Oberfläche einen zähen Kern aufweisen.

---

[1]) Über Rollstanzen und die richtige Formgebung der Stempelabrundung wird in Masch.-Bau 1933 Heft 11/12 S. 308 berichtet.

[2]) Siehe hierzu auch folgende Konstruktionsbeispiele: Göhre: Schnitte und Stanzen (Leipzig 1927) II S. 37. — Werkst.-Techn. 1925 Heft 7 S. 252 Abb. 1—5. — AWF Norm 5421.

[3]) Entsprechende Werkzeugbauarten finden sich u. a.: Werkst.-Techn. 1923 Heft 6 S. 292; ebenda 1928 Heft 4 S. 103; Werkzeugmasch. 1929 Heft 5 S. 130 Abb. 15. — Jones: Die making and Die design (New York 1931). — Masch.-Bau 1935 Heft 3/4 S. 84.

8. Rundbördelwerkzeug[1]).

(Werkzeugblatt 24.)

Der Bördelstempel (Teil 1) wird ebenso wie die Schnittstempel zwischen Oberplatte und Stempelhalteplatte aufgenommen.

Ausführung A zeigt das Herstellen eines Außenbördels, Ausführung B die eines Innenbördels. Im Stempel sind die entsprechenden Aussparungen

Rundbördelstanze — Werkzeugblatt 24

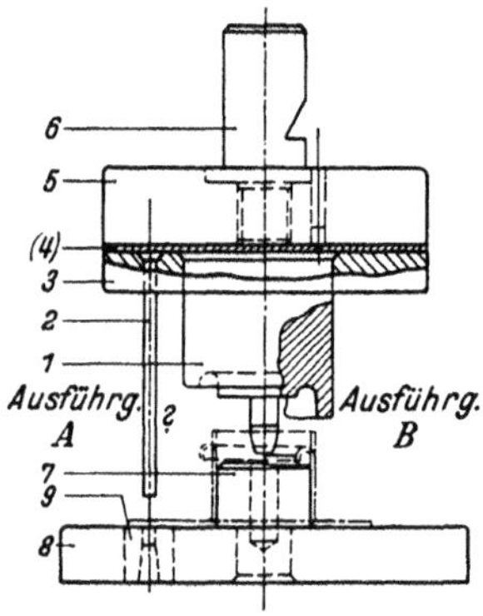

Pos.	Gegenstand	Werkstoff	Norm	Bemerkungen
1	Bördelstempel	Werkzeugstahl s. Tab. XVII/XVIII	AWF 5401 bis 5421	gehärtet
2	Schnittstempel	Werkzeugstahl s. Tab. XV/XVI		gehärtet
3	Stempelaufnahmeplatte	St 42·11		
(4)	Druckplatte	Blauhartes Gußstahlblech		nur bei hohen Stempeldrücken in Verbindung mit Schnitten
5	Stempelkopf	St 42·11	AWF 5903	
6	Einspannzapfen	St 42·11	AWF 5901 DIN 810	
7	Aufnahmedorn	St 42·11		
8	Grundplatte	St 42·11		
9	Matrizen-Einsatzbüchse	Werkzeugstahl s. Tab. XV/XVI		gehärtet

einzudrehen, beim Innenbördel wird man den Stempelrand etwas nach unten überstehen lassen, um das Material schon vor dem eigentlichen Bördelvorgang nach innen zu einzuführen und ein Ausweichen nach der falschen Richtung hin zu verhüten. Das gleiche gilt beim Außenbördel, nur wird in diesem Falle der innere Teil des Stempels etwas vorstehen,

[1]) Konstruktionsbeispiele hierzu zeigen: Kaczmarek: Die moderne Stanzerei (Berlin 1929) S. 89 Abb. 101. — Göhre: Schnitte und Stanzen (Leipzig 1931) II S. 33. — Litz: Spanlose Formung (ADB Bd. IV, Berlin 1926) S. 139. — Sellin: Ziehtechnik (Werkstattsbuchheft 25, Berlin 1926) S. 23 Abb. 45. — AWF-Norm 5402, 5411.

um das Blech allmählich nach außen zu krümmen. Der Außenbördel ist schwieriger herzustellen als der Innenbördel, denn hierbei reißt der Werkstoff am Hals leicht auseinander. Man wird in solchen Fällen zwei Ringhälften um das Werkstück herumlegen und diese zusammenschrauben oder mittels eines Exzenterschließhebels verriegeln. Nach erfolgtem Bördeln muß dann diese Vorrichtung wieder gelöst werden. Beim Innenbördel reißt in der Regel nur der Bördel selbst, und zwar an seinem untersten Teil, doch kann dieser Mißstand wohl mit in Kauf genommen werden, da gerade dieser Teil des Bördels nicht sichtbar ist. Der Bördel wird meistens an derartigen Blechgegenständen vorgesehen, wo eine scharfe Kante zur Vermeidung von Handverletzungen vermieden werden soll, z. B. Schaltergriffe, Gefäßränder usw. Die Herstellung des Bördels unter Pressen kommt nur für kleinere Teile bis zu 60 mm Durchmesser in Frage. Bei größeren Teilen wird man mit einer Sickenvorrichtung auf leichtere und wirtschaftlichere Weise zum Ziel gelangen.

Zweckmäßig ist es, wenn man mittels eines Stiftes Bördelstempel und Aufnahmestück gegenseitig zentriert, wie dies hier gezeigt ist. Man verbindet mit dem Bördelarbeitsgang oft noch andere Arbeitsgänge, doch lasse man sich nie dazu verleiten, ungeführte schwache Werkzeuge vorzusehen, wie dies in der Ausführung A des Werkzeugblattes 24 gezeigt ist. Dieser ungeführte Stempel (Teil 2) wird leicht ausbrechen. Eine Stempelführungsplatte kann man jedoch nur in erheblichem Abstand über der Matrizenbüchse ausführen, um das Werkstück über den Aufnahmedorn zu schieben. Es ist deshalb zweckmäßig, diesen Arbeitsgang auf einem anderen Werkzeug fertigzustellen.

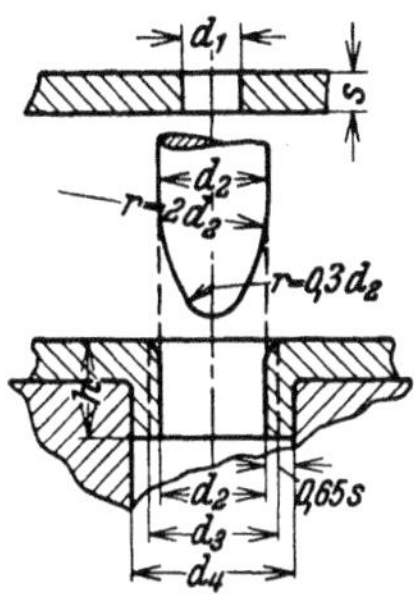

Abb. 20. Anziehen des Rundbördels an Blechteilen zur Gewindeverstärkung.

Der Rundbördel ist an den verschiedensten Gebrauchsgegenständen vorhanden. Auf einige in der Literatur angegebene Ausführungsbeispiele[1]) sei hier hingewiesen.

Die Anwendung des Rundbördels ist besonders im Apparatebau beliebt, wo es gilt, in dünnwandige Blechteile Gewinde einzuschneiden. Wenn man diese Blechteile ohne besondere Vorkehrungen mit Gewinde versieht, so kann man nur die Blechstärke selbst als Gewindehöhe ausnutzen. Bei größerem Gewinde wird im Blech kaum ein voller Gewindegang erzeugt werden können. Wird jedoch das Blech eingebördelt, so kann in diesem rohrartigen Fortsatz wohl Gewinde geschnitten werden. Die Gewindehöhe ist diesmal bedeutend größer als beim Ausschneiden von Gewinde in das ursprüngliche Blech. Freilich bedingt dies zunächst einmal eine Vorlochung mit einem geringeren Durchmesser d_1 gemäß Abb. 20. In dieses ausgeschnittene Loch drückt ein abgerundeter Stempel, welcher den Werk-

[1]) Schubert: Stanz-, Zieh- und Prägetechnik (Leipzig 1931) S. 133 (Herstellung von Uniformknöpfen); ebenda 1924 Heft 10 S. 282 (Herstellung von Gardinenstangenknöpfen aus Messing). — Werkst.-Techn. 1925 Heft 14 S. 497 (Teile von Operngläsern). — Kurrein: Werkzeuge und Arbeitsverfahren der Pressen (Berlin 1927) S. 565 (Einrollen als Schließarbeit). — Werkst.-Techn. 1927 Heft 12 S. 366 (Gemeinsames Bördelwerkzeug für Speichenrad); ebenda 1925 Heft 18 S. 677 (Einrollwerkzeug für Kesselränder) — Werkst.-Techn. 1934 Heft 24 S. 496 (Hohlkugeln mit Tüllen aus Messingblech).

stoff seitlich umlegt. Die Abrundung des Stempels vom äußeren Durchmesser d_2 beträgt etwa an der Spitze $r = 0{,}3\, d_2$ und verläuft von der Spitze bis zur zylindrischen Ausführung mit $r = 2 d_2$. Diese Abrundungsmaße gestatten eine gute Verformung des Werkstoffes. Durch den Bördelvorgang, der schon mehr ein Ziehvorgang ist, wird die Werkstoffstärke s geschwächt, und zwar beträgt die Werkstoffstärke dort etwa $0{,}65\, s$. Während sich das Maß d_2 aus dem Kerndurchmesser des zu schneidenden Gewindes direkt ergibt, wird man den Bohrungsdurchmesser der Matrize d_4 berechnen können zu

$$d_4 = d_2 + 1{,}3\, s. \tag{25}$$

Der äußere Gewindedurchmesser d_3 ist insofern wichtig, als die Tiefe des einzuschneidenden Gewindes die verbleibende Blechstärke des angezogenen Bördels schwächt. Es kann sogar vorkommen, daß bei größerem Gewinde in dünnen Blechen d_2 größer als d_4 ausfallen müßte. In solchen Fällen ist selbstverständlich die Ausführung unmöglich. Wenn das Gewinde halten soll, so darf d_3 nicht näher an d_4 als an d_2 liegen. Der Grenzfall dürfte etwa im Mittelwert zu suchen sein. Der äußere Durchmesser des Gewindes d_3 muß also folgende Bedingung erfüllen:

$$d_3 \leqq \frac{d_4 + d_2}{2}. \tag{26}$$

Durch Versuche[1]) ergab sich bei verschiedenen Werkstoffen und auch verschieden starkem Werkstoff folgende einfache Beziehung für den Vorlochdurchmesser d_1:

$$d_1 = 0{,}45\, d_2. \tag{27}$$

Beispiel: In einem Schalterdeckel von 1,5 mm Blechstärke soll 4 mm metrisches Gewinde nach DIN 13 und 14 geschnitten werden. Dieses Gewinde hat einen Kerndurchmesser von 3,028 mm. d_2 kann also zu 3 mm, d_3 zu 4 mm gewählt werden. Das Blech ist vorzulochen mit einem Stempel des Durchmessers

$$d_1 = 0{,}45\, d_2 = 1{,}35 \text{ mm}.$$

Der Matrizendurchmesser d ergibt sich zu:

$$d_4 = d_2 + 1{,}3\, s = 3 + 1{,}95 = 5 \text{ mm}.$$

Die Bedingung:

$$d_3 \leqq \frac{d_4 + d_2}{2} = \frac{5 + 3}{2} = 4$$

ist erfüllt.

D. Ziehwerkzeuge für Hohlkörper.

1. Schmierung des Werkstoffes.

Die Beeinflussung des Zieherzeugnisses durch Schmierung ist weitgehender, als zuweilen angenommen wird. Man kann ungeeignetes Material bzw. zu weit abgestufte Werkzeuge durch sorgfältige Einstellung der Maschine und richtige Schmierung zur Not noch verwenden, ohne übermäßigen Ausschuß zu erzielen. Fischer[2]) hat als Universalmittel Muzin[3]) empfohlen. Brasch hat mit Talg und Tran recht gute Erfolge erzielt im Gegensatz zum Ver-

[1]) Die vorliegenden Untersuchungen wurden im Vorrichtungs-Ausschuß der Arbeitsgemeinschaft Deutscher Betriebs-Ingenieure Ortsgruppe Dresden auf Anregung des Verfassers durchgeführt. Die besonders ausgedehnten Versuche wurden von Herrn Witzschel zum größten Teil vorgenommen.

[2]) Siehe dessen Dissertation Stuttgart 1927 S. 29.

[3]) Siehe Ziegler: Die Muzin-Schmierung (Masch.-Bau 1923/24 Heft 14 S. 485).

Tabelle X. Für das Ziehen von Hohlkörpern geeignete Schmiermittel.

Werkstoff	Art der Arbeit	Schmiermittel	Empfohlen von
Messing und Kupferblech	Leichte Arbeiten	Rüböl	Sellin Kurrein
	Schwere Arbeiten	Mischung zu gleichen Teilen aus Rüböl und in warmem Wasser aufgel. harter Seife	
	Verschiedene Arbeiten	Muzin	Fischer
		Tran	Brasch
		Essenia : Wasser = 1 : 5	Kaczmarek
		Petroleum mit Zusatz von kornfreiem Graphit	
		Dickes Seifenwasser	(Betriebsversuche)
Aluminiumblech	Verschiedene Arbeiten	Talg	Fischer, Brasch
		Petroleum mit Zusatz von kornfreiem Graphit	Kaczmarek
		billiges Vaselin	Sellin
		Rüböl	(Betriebsversuche)
Elektron	Verschiedene Arbeiten	Flüssiges Palmin von 200° C	Sellin
Zinkblech	Verschiedene Arbeiten	Rüböl mit Zusatz von kornfreiem Graphit	Kaczmarek
Stahlblech (Glatte Oberfläche	Leichte Arbeiten	Rüböl	Kurrein
	Leichte und mittlere Arbeiten	Rüböl mit Schlämmkreide	
	Schwere Kümpelarbeiten	Dickes Zylinderöl	
	Verschiedene Arbeiten	Rüböl : Rizinusöl : Talkum = 2 : 1 : 1	Kaczmarek
		Dickes Seifenwasser	(Betriebsversuche)
(Rauhe Oberfläche		Maschinenöl	
Nichtrostendes Stahlblech	Leichte Arbeiten	Wasser m. Graphit in Breiform	Sellin
	Schwere Arbeiten	Ziemlich dicke Mischung von Leinöl und Bleiweiß mit 5 bis 10% Schwefel	Machinery
Kartonagen	Verschiedene Arbeiten	Gut verrührte und gekochte Mischung von Pflanzenwachs: Weizenstärke: Glyzerinöl: Talkum: venezianischer Seife = 3 : 3 : 3 : 1 : 1	Kaczmarek
Furnierholz (Birke)	Dünnwandige und kleinere Schachteln (zu Verpackungszwecken)	Mehrstündiges Einlegen in Glyzerinöl	(Betriebsversuche)

fasser, der mit der Transchmierung beim Ziehen von Eisenblech nachteilige Erfahrungen gemacht hat. Nach amerikanischen Quellen wird eine Mischung von zusammengekochtem Schmalz, Seifenwasser und Soda gutgeheißen[1]. Weitere Angaben über geeignete Schmierung geben Kurrein, Kaczmarek, Draeger, Sellin und noch andere, die sich mit Ziehen befaßt haben. Man richtet sich bei der Wahl des Schmiermittels etwa nach den Angaben der Tabelle X.

Beim Schmieren ist darauf zu achten, daß sämtliche Teile der Ronde mit Schmiermittel gleichmäßig bedeckt sind. Deshalb empfiehlt es sich, vor dem Einrücken der Maschine mit der Hand rasch über den Umfang der Platinenfläche hinwegzustreichen und so das Schmiermittel zu verteilen oder noch besser die Platine während des Einlegens stets waagerecht zu halten. Bei zundrigen Eisenblechen ist es wichtig, nach allen 10 bis 20 Zügen die mit dem Werkstoff in Berührung kommenden Flächen sauber abzuwischen. Bei Weißblech und Messingblech kann dies nach allen 100 Zügen geschehen. Auf diese Weise wird das sog. Absetzen des Bleches vermieden, eine Erscheinung, die allgemein bekannt ist.

Ackermann[2]) stellt übrigens fest, daß beim Ziehen mit trockener Oberfläche größere Faltenbildung auftritt als bei geschmierter.

2. Niederhalterdruck.

Ist Faltenbildung einseitig festzustellen, so helfe man sich durch Unterlagen zwischen Tisch und Unterteil des Werkzeuges. Als Unterlagen verwendet man vorteilhaft Stahlblechstreifen, die man zu diesem Zweck in verschiedenen Stärken von 0,1 bis 1 mm bereit hält. Unterlagen von Papier oder Kupferblech sind infolge ihrer Nachgiebigkeit ungeeignet. Während der Niederhalterdruck bei pneumatischen[3]) oder hydraulischen Kissen am Druckmesser leicht ablesbar ist, kann dieser bei abgefedertem Faltenhalter nur geschätzt oder berechnet werden. Unter Beachtung der gemäß Abb. 21 ermittelten günstigsten Abrundungsradien ergeben sich die in der Tabelle XI genannten Werte auf Grund von Versuchen Fischers[4]).

Tabelle XI. Günstigste Niederhalterdrücke für Blechstärken bis zu 1 mm.

Werkstoff	Niederhalterdruck kg/cm²
Messingblech	20
Aluminiumblech	12
Weißblech	30
Tiefzieh-Eisenblech	25

Fischer steht in bezug auf die Bemessung des Niederhalterdruckes teilweise in Widerspruch zu Sellin. Letzterer sagt: Der Niederhalterdruck muß dann um so größer werden, wenn der Blechflansch unter dem

[1]) Siehe Amer. Mach., N. Y. Jg. 1915 S. 881 und dieselbe Zeitschrift Jg. 1916 S. 5.

[2]) Siehe dessen Dissertation: Das Ziehen von Hohlkörpern aus Feinblechen unter besonderer Berücksichtigung der Blechhaltereinflüsse (Dresden 1929) S. 11.

[3]) Über die Vorteile und konstruktiven Ausführungen derartiger pneumatischer Faltenhalter berichtet Kaczmarek auf S. 80 Abb. 90 seines Buches: Die moderne Stanzerei (Berlin 1929). — Siehe hierzu ferner die Ausführungen Wittlingers im Masch.-Bau 1927 Heft 6 S. 269 und Heft 7 S. 336 sowie Seiler: Nachgiebige Blechhalter-Konstruktionen (Werkzeugmasch. 1929 Heft 17 S. 360). — Haake: Werkzeugmaschinen der spanlosen Formung (Masch.-Bau 1931 Heft 11 S. 359 Abb. 9, 10).

[4]) Siehe dessen Dissertation Stuttgart 1927 Tafel 9—19.

Niederhalter breiter wird, da dann die Neigung zur Faltenbildung größer wird. Fischer stellt dagegen durch Versuche fest, daß dies nur für Messing und Eisen gilt, dagegen bei Aluminium umgekehrt ist. Auch Ackermann[1]) erkannte, daß ein größeres Durchmesserverhältnis β, also ein größerer Blechflansch, hohen Niederhalterdruck bedingt und bei Herabsetzung desselben Faltenbildung eintritt.

Die Ziehtiefe hängt gemäß der Versuche von Ackermann vom spezifischen Niederhalterdruck verhältnismäßig weniger ab, als man annehmen sollte. Bei einer Zunahme desselben wird begreiflicherweise die Ziehtiefe auf Kosten der erhöhten Dehnung größer. Die Vergrößerung beträgt jedoch bei einem kleinsten Druck von 10 kg/cm^2 bis zu einem größten Niederhalterdruck von etwa 80 kg/cm^2 kaum 8 %. Auch die Zugbeanspruchung, also der Stempeldruck, scheint vom spezifischen Niederhalterdruck weniger, wenn auch in stärkerem Maße[2]), abhängig zu sein als die Ziehtiefe. Für den gleichen Bereich des Niederhalterdruckes beträgt die Zunahme der Zugbeanspruchung mit der Zunahme des Niederhalterdruckes von 10 kg/cm^2 bis 80 kg/cm^2 etwa 50 % bei Messing.

3. Abrundung der Ziehkanten.

Für die Bestimmung der Radien an der Ziehkante für Ziehringe finden die Werte des in der Abb. 21 dargestellten Diagrammes von Kaczmarek[3]) allgemein Anwendung. Diese Werte sind durch eingehende Versuche sowohl von Fischer als auch von Draeger als richtig bestätigt worden. Die Auswertung des Diagrammes bedarf keiner besonderen Erklärung, da der Zuschnittsdurchmesser D_a und der Ziehdurchmesser D_i sowie die Blechstärke s stets gegeben sind.

4. Abrundung der Stempelkanten.

Für die Abrundung an den Stempelkanten bestehen heute noch keine durch Versuche bestätigte Richtlinien. Unter keinen Umständen kann man die Abrundung an der unteren Stempelkante kleiner als die entsprechende Ziehkantenabrundung gemäß Diagramm der Abb. 21 wählen, da sonst der Stempel in den Werkstoff einschneiden würde. Scharfkantige Züge kann man nur auf dem Wege mehrerer Werkzeugstufen erhalten. Eine vorteilhafte Stempelabrundung, die selbstverständlich von vornherein bei der Konstruktion des Ziehteiles berücksichtigt werden muß, ist der 3- bis 5fache Wert der entsprechenden Ziehkantenabrundung gemäß des oben angegebenen Diagrammes (Abb. 21).

5. Ziehspalt.

Auf Grund von Versuchen Fischers[4]) ergibt sich die Tatsache, daß der Ziehspalt zweckmäßig 1,1 der entsprechenden Blechstärke zu bemessen ist. Infolge der außerordentlich großen Blechtoleranzen, über die im Abschnitt H 13 noch gesprochen wird, erscheint die richtige Bemessung des

[1]) Siehe S. 47 seiner Dissertation: Das Ziehen von Hohlkörpern aus Feinblechen unter besonderer Berücksichtigung der Blechhaltereinflüsse (Dresden 1929).

[2]) Dies beweist Abb. 51 der gleichen Arbeit von Ackermann.

[3]) Siehe Kaczmarek: Die moderne Stanzerei (Verlag Julius Springer, Berlin 1929) S. 97 Abb. 108.

[4]) Siehe dessen Dissertation, Stuttgart 1927, Zahlentafel 3 S. 21, in Übereinstimmung mit Kaczmarek.

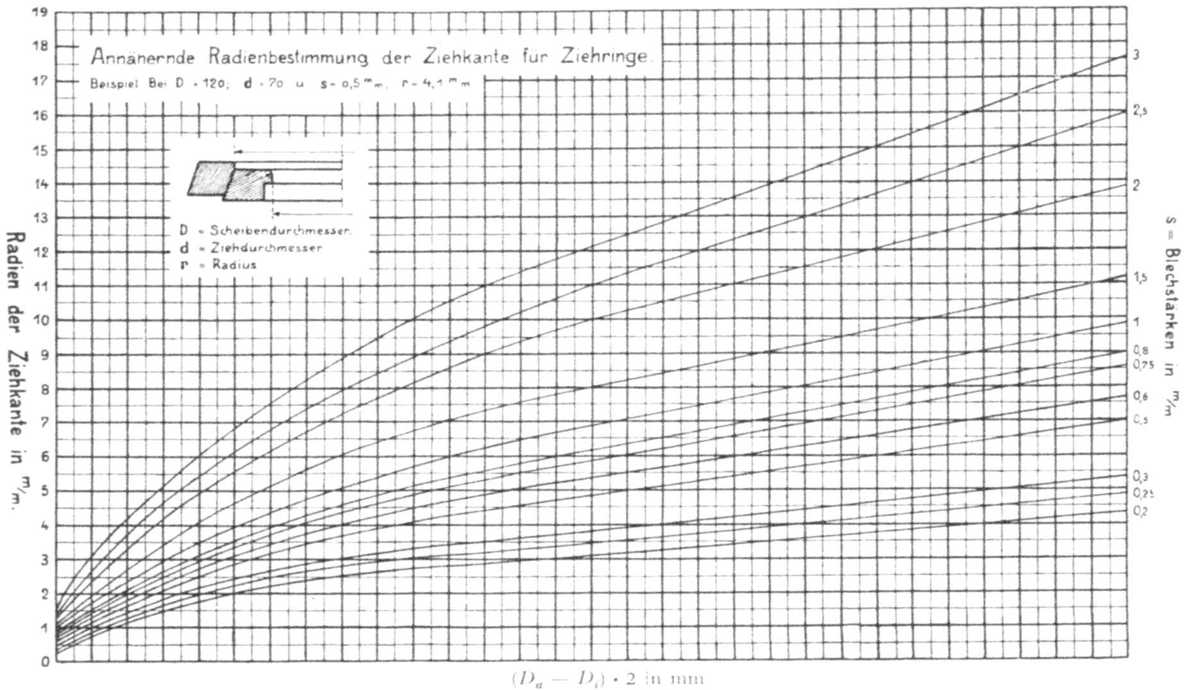

Abb. 21. Ermittlung der Ziehkantenabrundung nach Kaczmarek.

Ziehspaltes zumindest als sehr schwierig, wenn nicht unmöglich. Der Fachmann wird öfters die Erfahrung machen, daß bei gleichem Blech infolge zu geringen Ziehspaltes die Körper reißen, während mit der gleichen Sorte Ziehkörper hergestellt werden, die infolge zu großen Stempelspieles Falten schlagen.

6. Ziehgeschwindigkeit.

Als Ziehgeschwindigkeit gilt diejenige Geschwindigkeit des Stößels, welche dieser in dem Augenblick aufweist, wenn er den Werkstoff berührt, d. h. wenn der Ziehvorgang beginnt.

Die Versuche Ackermanns und Fischers mit niederer, mittlerer und höherer Ziehgeschwindigkeit beweisen, daß der Einfluß der Ziehgeschwindigkeit auf Ausschuß und Stempeldrucksteigerung gering ist.

Eine Zusammenstellung von Werten für die Anzahl minutlicher Niedergänge ist in Tabelle XII dargestellt. Sie ist den Mitteilungen verschiedener Hersteller von Ziehpressen entnommen und stellt Durchschnittswerte dar.

Tabelle XII.
Ziehgeschwindigkeit, höchstzulässige Werte von Zuschnittsdurchmesser, Ziehtiefe und Blechstärke an Kurbel- (KP) und Geschirrziehpressen (GP).

Kraftbedarf	Blechstärke	Anzahl der minutlichen Niedergänge		Zuschnittsdurchmesser		Ziehtiefe	
		KP	GP	KP	GP	KP	GP
PS	mm			mm	mm	mm	mm
1	0,60	32	17	250	300	80	120
2	0,75	28	15	400	300	120	200
3	0,90	23	13	500	400	140	250
4	1,00	18	11	570	480	160	280
5	1,10	15	10	620	520	170	300
6	1,25	12	8,5	670	560	180	310
7	1,35	10	8	700	600	190	320
8	1,50	9	7,5	720	620	195	330
9	1,65	8	7	740	640	200	340
10	1,8	7,5	6,5	760	660	200	340

7. Abstufung der Züge.

Eine der wesentlichen Ursachen für den entstehenden Ausschuß beim Ziehen ist die ungeeignete Abstufung der Züge, also Fehler in der Arbeitsvorbereitung und der Bemessung der Werkzeuge[1]). Man mutet dem Werkstoff oft zuviel zu und erblickt das Heil der Wirtschaftlichkeit in der Beschränkung der Anzahl der Züge bzw. Weiterschläge. Selbstverständlich trägt eine weitgehende Verminderung der Züge zur Ersparnis erheblich bei, besonders bei teueren Werkzeugen. Sind die Stückzahlen gering, so entfällt auf die Herstellung eines Werkstückes oft ein recht erheblicher Anteil an Werkzeugkosten. Dann macht sich die Ersparnis eines Zuges wohl geltend, und man kann statt dessen etwas mehr für ein besonders gutes Tiefziehblech anwenden. Anders bei großen Stückzahlen! Dort wird der Beschaffungspreis für den Werkstoff gegenüber den Werkzeuggestehungskosten weithin überwiegen. Das ganze Problem der Abstufung ist

[1]) Über die Ermittlung der Scheibenabmessungen und Ziehstufenzahl finden sich u. a. in der Werkst.-Techn. 1925 Heft 4 S. 137 weitere Angaben.

deshalb weniger technischer, sondern vielmehr wirtschaftlicher Natur und hängt von dem Preisunterschied zwischen Blechen guter und solchen geringerer Tiefziehgüte erheblich ab.

Ein sehr einfaches Verfahren für die Ermittlung der Abstufung ist dasjenige von Kaczmarek[1]).

Der geringst zulässige Ziehdurchmesser ergibt sich hiernach zu 80% bei Blechen von 0,2 bis 1,5 mm Stärke und zu 73% bei Blechen bis zu 3 mm Stärke des entsprechenden Zuschnittsdurchmessers oder nächstgrößeren Ziehdurchmessers. Ist hiernach beispielsweise ein Körper von 50 mm Ziehdurchmesser und 100 mm Zuschnittsdurchmesser bei einer Blechstärke von 1 mm herzustellen, so wird man den ersten Zug zu 80 mm Durchmesser wählen, den zweiten Zug zu 63 mm Durchmesser und den dritten Zug, den sog. Fertigzug, zu 50 mm Durchmesser.

Ein anderes Verfahren ist das von Sparkuhl[2]). Auf Grund von Versuchen gibt dieser für den ersten Zug, den sog. Anschlag, folgende Gleichung an:

$$d = \frac{X \cdot D}{100 - 0{,}025\,D}\,. \qquad (28)$$

Für das Nachziehen empfiehlt Sparkuhl eine andere Gleichung:

$$d_1 = \frac{Y \cdot d}{100 - 0{,}025\,d}\,. \qquad (29)$$

In obiger Gleichung bedeuten D den Zuschnittsdurchmesser, d den Durchmesser des Anschlages bzw. den des nächsthöheren Zuges gegenüber dem nächstkleineren Zug vom Durchmesser d_1. Die Werte X, Y sind der folgenden Tabelle XIII zu entnehmen. Sie schwanken zwischen Minimal-

Tabelle XIII.
Berechnungskoeffizienten nach Sparkuhl für die Abstufung der Züge.

Blechdicke mm	X		Y	
	min.	max.	min.	max.
0,4 —0,45	61	68	74	81
0,5	58	65	73	80
0,55—0,6	56	63	72	80
0,7	54	60	71	79
0,8	50	56	70,4	77
1,5	47	53	70	75
3,0	46	51	65	70

und Maximalwerten je nach der Güte des Werkstoffes. Je günstigere Ziehfähigkeiten der Werkstoff aufweist, einen um so geringeren X- bzw. Y-Wert kann man dafür in Rechnung stellen.

Die zweckmäßige Abstufung der Züge wird durch die Wahl des Werkstoffes selbstverständlich beeinflußt. Es erscheint deshalb praktisch, ein Abstufungsverfahren zu finden, welches auf Prüfungsergebnisse von Ziehblechen Bezug nimmt.

---

[1]) Siehe Kaczmarek: Die moderne Stanzerei (Verlag Julius Springer, Berlin 1929) S. 96 Abb. 107.

[2]) Machinery, Mai 1915 S. 729, siehe Kurrein: Die Werkzeuge und Arbeitsverfahren der Pressen (Berlin 1926) S. 425. Dort ist eine graphische Auswertung dieses Verfahrens angegeben.

Es sei bereits vorweggenommen, daß das Durchmesserverhältnis[1]) β = Zuschnittsdurchmesser: Ziehdurchmesser für die Tiefziehbeanspruchung von besonderer Bedeutung ist, und daß das AEG-Tiefziehprüfungsverfahren sowie der Prüfapparat von Wazau die Bestimmung dieses größtmöglichen Verhältnisses zur Beurteilung der Werkstoffgüte zum Endzweck haben. Ist nun aber erst ein Zusammenhang zwischen diesem Durchmesserverhältnis β und dem größtzulässigen Verhältnis λ = Ziehhöhe: Zuschnittsdurchmesser gefunden, so kann die Braschsche Arbeit[2]) als Auswertungsbasis dienen. Die Ermittlung der Ziehtiefe in Abhängigkeit vom Zuschnitt und Ziehdurchmesser ist nichts Neues und kann auf geometrischem Wege erfolgen, falls die Abrundungen unerheblich sind. Dies geschieht im rechten unteren Viertel des Diagrammes Abb. 22. Im darüberliegenden Teil ist das Verhältnis λ durch Gerade gekennzeichnet. Besonders wichtig ist nun die Erkenntnis von Brasch, daß die h-Kurve in Abhängigkeit von der Anzahl der Weiterschläge ähnlich einer Hyperbel verläuft. Diese Kurven sind im linken oberen Teil des Diagrammes Abb. 22 für verschiedene Ziehtiefen des Anschlages eingetragen. Mittels des gesamten Diagrammkomplexes ist es nun möglich, den Zuschnitt, die Anzahl der Weiterschläge und ihre entsprechenden Ziehtiefen und Ziehdurchmesser zu bestimmen, sobald die Tiefziehfähigkeit des jeweiligen Werkstoffes durch das höchstzulässige Durchmesserverhältnis β oder seinen reziproken Wert und die endgültige Ziehtiefe und Durchmesser gegeben sind. Man bestimmt dann zunächst das Verhältnis λ und den Zuschnittsdurchmesser D_1. Es ist dann unschwer, die Ziehtiefe des Anschlages zu ermitteln. Auf der dieser Ziehtiefe zugeordneten hyperbelartigen Abstufungskurve sind die Anzahl der Schläge und die zugehörigen Ziehtiefen abzulesen. Diese ergeben im rechten unteren Diagramm die zugehörigen Ziehdurchmesser. Ein Beispiel soll die praktische Benutzung des Diagrammes noch besser erläutern.

Es sei die Aufgabe gestellt, einen Ziehkörper herzustellen von der Höhe 400 mm und vom Durchmesser 200 mm aus einem Werkstoff, der sich bei $\beta = 1{,}67$ gerade noch ausschußfrei ziehen läßt. Im linken unteren Diagramm der Abb. 22 ergibt der punktierte Linienzug $A-B-C$ ein Verhältnis $\lambda = 0{,}45$. Im rechten unteren Diagramm ermittelt man den Zuschnittsdurchmesser D_1 für einen Ziehdurchmesser D_3 von 200 mm (E) und für eine Höhe h von 400 mm (F) zu 600 mm (G). Von G wird auf die Linie $\beta = 1{,}67$ herübergelotet (J) und der zugehörige Ziehdurchmesser D_3 = 360 mm (K) für den Anschlag ermittelt. Der oben bestimmte Wert λ von 0,45 entspricht einer Geraden im rechten oberen Diagrammteil. Auf ihr findet man direkt über dem bestimmten D_3-Wert (K) den Punkt L, von dem seitwärts horizontal herübergelotet und auf der Anschlaglinie der Höhe des ersten Zuges mit 160 mm (M) gefunden wird. Durch M wird nun die punktiert gezeichnete hyperbelähnliche Kurve eingetragen, welche die endgültige Ziehtiefe von 400 mm vor dem 3. Weiterschlage im Punkte N trifft. Die Höhen für die übrigen Weiterschläge werden von den Punkten O und P angegeben. Da der Zuschnittsdurchmesser D_1 (G) bekannt ist, können die im linken unteren Diagrammteil diesen Höhen zugeordneten Ziehdurchmesser mittels der Höhenschnittpunkte O' und P'

[1]) Siehe hierzu Abschnitte H 7 und H 8.

[2]) Siehe VDI-Forsch.-Heft 268 S. 28ff. Da das Forschungsheft 268, Erscheinungsjahr 1925, vergriffen ist, so wird im Zusammenhang hiermit auf den Auszug jener Arbeit hingewiesen, der in Masch.-Bau unter dem 19. Mai 1922 Heft 16 S. 167ff. erschienen ist.

einerseits und mittels der Lotpunkte O'' und P'' andererseits leicht ermittelt werden gemäß folgender Zahlentafel:

Zahlentafel zum Beispiel der Abb. 22.

Zug	Ziehtiefe h		Ziehdurchmesser D_3	
	mm	Punkt	mm	Punkt
Anschlag	160	M	360	K
1. Weiterschlag	280	P	270	P''
2. ,, ...	370	O	220	O''
3. ,, ...	400	N	200	E

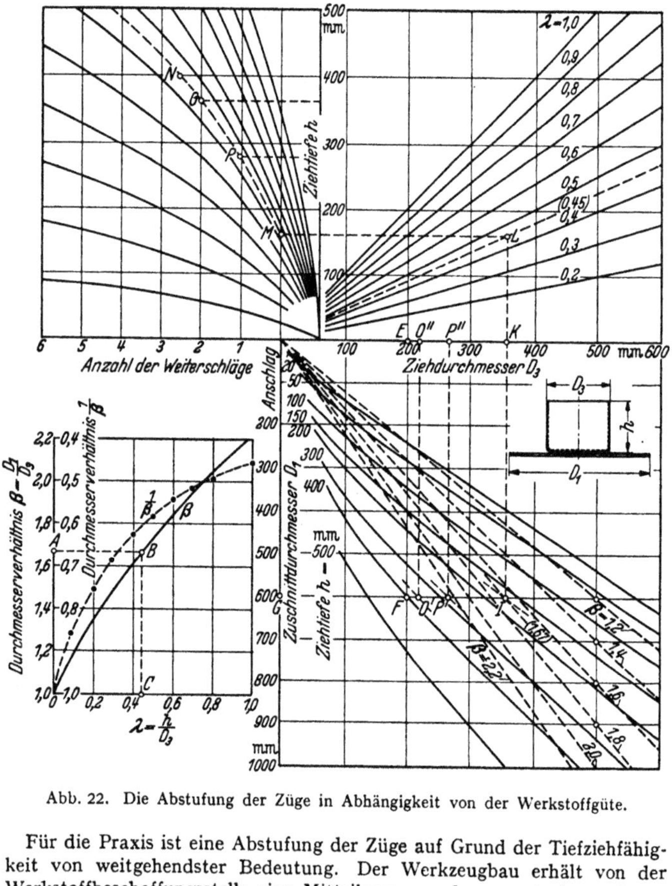

Abb. 22. Die Abstufung der Züge in Abhängigkeit von der Werkstoffgüte.

Für die Praxis ist eine Abstufung der Züge auf Grund der Tiefziehfähigkeit von weitgehendster Bedeutung. Der Werkzeugbau erhält von der Werkstoffbeschaffungsstelle eine Mitteilung, aus der er entnehmen kann, daß das für den Betrieb verfügbare Blech einen Gütewert β von beispielsweise 1,6 besitzt. Auf Grund dieser Feststellungen sind dann die Werkzeuge zu bemessen. Auch der umgekehrte Fall ist möglich, indem der Werkzeugkonstrukteur unabhängig hiervon seine Werkzeuge entwirft und von sich aus Vorschriften über die zu verlangende Tiefziehgüte des Werkstoffes der Einkaufsabteilung mitteilt.

8. Zuschnittsermittlung[1]).

Im allgemeinen werden hauptsächlich runde Züge hergestellt. Die endgültige Ziehform wird zwecks Zuschnittsbestimmung in verschiedene Teile geometrisch derart zerlegt, daß sich die einzelnen Flächen — sei es Zylindermantel, Kegelmantel, Ringfläche, Kreisfläche, Kugelabschnitt usw. — nach den bekannten Gleichungen leicht ermitteln lassen. Aus der Summe der Flächengröße wird die Gesamtfläche gebildet und daraus rückwärts der Zuschnittsdurchmesser ausgerechnet. Dort, wo die Ziehformen komplizierterer Art sind, wird eine Rechnung mit der Guldinschen Regel zum Ziele führen.

Diese Art der Zuschnittsermittlung setzt voraus, daß das Volumen des Ziehkörpers nach dem Arbeitsgang das gleiche ist wie vor dem Arbeitsgang, und daß vor allen Dingen die Blechstärke die gleiche bleibt. Versuche haben zwar ergeben, daß dies nur bedingt richtig ist, daß jedoch im Durchschnitt diese Voraussetzung annähernd richtige Ergebnisse liefert. Im übrigen wird man infolge der Toleranzen im Blech doch niemals so weit gelangen, daß man den Ziehkörper derartig ausschneidet, daß seine endgültige Höhe an allen Teilen des Umfanges genau der vorgeschriebenen entspricht. Man wird kaum ohne einen Beschneidearbeitsgang auskommen, es sei denn bei sehr einfachen Formen, wie z. B. Schuhkremdosen, bei denen der Zug einfach und die Ziehtiefe verhältnismäßig nur gering ist.

Bei den gleichmäßig runden Zügen dürfte diese Art der Zuschnittsberechnung gute Dienste leisten, bei sehr unregelmäßigen Körpern[2]) kommt man hiermit jedoch nicht weit. Man muß vielmehr dort berücksichtigen, daß durch den Ziehvorgang ein Fließen im Material eintritt, und daß das Zuschnittsblankett keine scharfen Ecken, sondern sanfte Übergänge aufweisen muß. Insbesondere verdienen die Zuschnitte für viereckig gezogene Kappen infolge ihrer häufigen Anwendung besondere Beachtung und sollen deshalb hier entsprechend gewürdigt werden.

Es gibt eine Reihe derartiger Zuschnittsermittlungen, von denen deren Ausführungen I bis VI gemäß der Abb. 23 im folgenden kurz Erwähnung finden. Ein sehr einfaches älteres Verfahren zeigt Ausführung I[3]). Wie im folgenden soll auch hier ein rechteckiger Körper der Höhe h hergestellt werden. Die Umklappungslinien der Seiten im Abstand h von den Bodenkanten werden verlängert gedacht und schneiden sich im Punkte A. In diesem Punkte werden 2 Hilfskreise geschlagen, und zwar einmal mit $r = h$ und $r = 2h$. Der letztere Hilfskreis schneidet die künftigen Boden-

[1]) Siehe hierzu insbesondere Sellin: Handbuch der Ziehtechnik (Berlin 1931).

[2]) Über das Ziehen ovaler Hohlgefäße und deren Zuschnittsermittlung gibt Werkstatt u. Betrieb 1934 auf S. 196 Auskunft.

[3]) Siehe Werkzeugmasch. 1913 S. 374. Dieses Verfahren ist ferner noch angegeben in Kurrein: Die Werkzeuge und Arbeitsverfahren der Pressen (Verlag Julius Springer, Berlin 1926) S. 519 Abb. 675, ferner in Glück: Die Berechnung des Werkstoffverbrauches bei gestanzten, gezogenen und gedrehten Gegenständen (Verlag Julius Springer, Berlin 1923) auf S. 56 Abb. 114.

kanten in den Punkten B und C, welche wiederum als Mittelpunkte von Hilfskreisen für $r = h$ dienen. Sämtliche 3 Hilfskreise für $r = h$ in den Punkten A, B und C bilden die Begrenzung des Zuschnittes. Diese Methode ist rein empirisch und dürfte trotz ihrer Einfachheit bestimmt nicht in allen Fällen befriedigen. Bei sehr gut verformbaren Blechen, wie z. B. Messingblech, und bei verhältnismäßig kleinen Abrundungen wird man mit dieser Methode noch auskommen. Bei weniger gut verformbaren Werkstoffen empfiehlt sich die Anwendung einer der anderen Methoden.

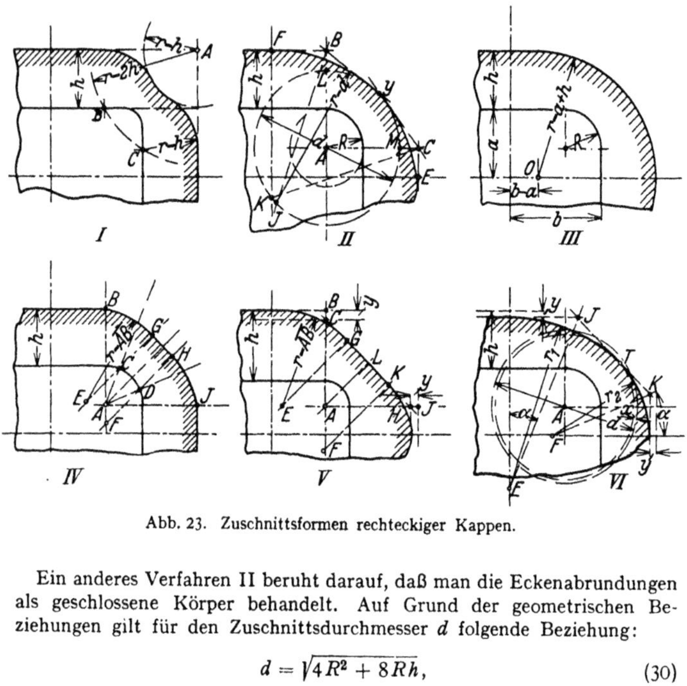

Abb. 23. Zuschnittsformen rechteckiger Kappen.

Ein anderes Verfahren II beruht darauf, daß man die Eckenabrundungen als geschlossene Körper behandelt. Auf Grund der geometrischen Beziehungen gilt für den Zuschnittsdurchmesser d folgende Beziehung:

$$d = \sqrt{4R^2 + 8Rh}, \tag{30}$$

wobei unter R der Halbmesser des Ziehkörpers und unter h die Ziehtiefe zu verstehen sind. Wenn man im Mittelpunkt A der Eckenabrundung einen Hilfskreis des Durchmessers d zieht, so würde sich zunächst ein Zuschnitt ergeben, welcher dem Linienzug $FBLMCE$ entspricht. Die bei B und C vorspringenden und bei L und M einspringenden Ecken würden jedoch den Werkstoff zum Reißen bringen, weshalb man zur Erzielung eines stetigen Überganges folgende Konstruktion wählt: Man zieht zwei weitere Hilfskreise vom Radius d, deren Mittelpunkt K und J auf den Winkelhalbierenden der Winkel FBY und ECY liegen und im gleichen Abstande d von $\overline{FB}$ und $\overline{BY}$ sowie $\overline{EC}$ und $\overline{CY}$ sich befinden. $\overline{BY}$ und $\overline{CY}$ sind die Tangenten von B und C an den Hilfskreis, die sich im Punkte Y schneiden.

Das letzte von Glück[1]) vorgeschlagene Verfahren veranlaßte ihn zu einer weiteren Vereinfachung, welche unter III gezeigt ist.

Bei dieser Näherungskonstruktion wählt man einen einzigen Hilfskreis, dessen Radius der halben Körperbreite a zuzüglich der Höhe h entspricht. Der Kreismittelpunkt O befindet sich im Abstand von der halben Körperlänge b abzüglich der halben Körperbreite a vom Mittelpunkt des Zuschnittes. Dieses Verfahren hat nur Berechtigung für derartige Ziehkörper, deren Höhe in der Größenordnung sich zwischen der halben und ganzen Körperbreite befinden und deren Verhältnis Körperlänge zu Körperbreite nicht das 1,5fache übersteigt. Sonach kann man für Körper quadratischer Bodenfläche, deren Höhe zwischen der halben und der ganzen Seitenlänge in ihrer Größenordnung liegt, einen kreisförmigen Rondenzuschnitt verwenden. Versuche des Verfassers haben für die hier angegebenen Grenzen die Brauchbarkeit dieses einfachen Verfahrens bestätigt. Dies ist eine wichtige Erkenntnis insofern, als die Herstellung derartiger Zuschnittswerkzeuge gemäß des Verfahrens III viel billiger ist als die anderen hier gezeigten Formen.

Kaczmarek[2]) zeigt ein anderes Verfahren, welches unter IV hier beschrieben wird. Im Mittelpunkt A der Abrundung werden zunächst die Winkelhalbierende des rechten Winkels BAJ und zwischen dieser Winkelhalbierenden und den Strahlen $\overline{AB}$ und $\overline{BJ}$ weitere Winkelhalbierende (unter 22,5° geneigte Geraden) gezogen, welche die Bodenabrundungen in den Punkten C bzw. D schneiden. Durch C und D wird man zu der ersten Winkelhalbierenden Parallele legen, welche in diesem Falle unter 45° geneigt sind. Von den Punkten B bzw. J schlägt man Hilfskreise des Radius r = Bodenabrundungsradius zusätzlich Körperhöhe $= AB$ bzw. $\overline{AJ}$. Diese hier nicht gezeichneten Hilfskreise gestatten auf den unter 45° geneigten Linien durch C und D die Ermittlung der Kreismittelpunkte E bzw. F. Der Kreis $r = \overline{AB}$ im Mittelpunkt E beschreibt den Bogen $\overline{BG}$ und der Kreis in F den Bogen $\overline{HJ}$. Durch die Verbindung der Punkte G und H wird die Zuschnittslinie $BGHJ$ geschlossen. Dies Verfahren empfiehlt Kaczmarek dort, wo bei normaler Blechbeanspruchung aufeinanderfolgende Arbeitsgänge vorgesehen sind. Will man jedoch bis an die äußerste Beanspruchung des Werkstoffes herangehen, um auf weitere Arbeitsgänge zu verzichten, so empfiehlt Kaczmarek an der gleichen Stelle das im folgenden unter V erwähnte Verfahren:

Hierbei wird man zunächst unter Berücksichtigung der Dehnungsfähigkeit des zu ziehenden Körpers im Abstand y zur umgeklappten Höhe der längeren Seite eine Parallele ziehen, welche die Senkrechte $\overline{AB}$ im Punkte C schneidet. Dasselbe wird an der kürzeren Seite durchgeführt, und zwar wird für $\overline{AJ}$ der Punkt H gefunden. Die Strecke $\overline{CH}$ wird nun in 4 Teile geteilt, es ergeben sich hieraus die Punkte G, L und K. Auf den Loten G und K — in diesem Falle unter 45° geneigte Geraden — liegt der geometrische Ort für die Mittelpunkte der Kreise mit dem Radius $r = \overline{AB}$. Die Konstruktion des Zuschnittes erfolgt dann entsprechend dem unter VI gezeigten Verfahren. Wichtig ist hierbei die Erkenntnis, daß die Zieheigenschaften des Werkstoffes die Zuschnittsform unbedingt beeinflussen

[1]) Siehe Glück: Die Berechnung des Werkstoffverbrauches bei gestanzten, gezogenen und gedrehten Gegenständen (Berlin 1923) S. 57 und 58 Abb. 116—119.

[2]) Siehe Kaczmarek: Die moderne Stanzerei (Berlin 1929) S. 116 Abb. 127.

müssen. Je größer das Maß y ist, um so knapper wird der Zuschnitt über der Ecke ausfallen. Das Maß y wird der maximalen Dehnungsfähigkeit des Werkstoffes etwa gleichgesetzt und in seinen prozentualen Werten der Ziehkörperhöhe h angemessen. Ist der Werkstoff von besonders guter Ziehfähigkeit und weist eine höchste Dehnungsfähigkeit von 25 % auf, so wird das Maß y 15 mm betragen bei einer Ziehkörperhöhe h von 60 mm.

Musiol[1]) hat bereits vor längerer Zeit die Beeinflussung der Zuschnittsform durch die Dehnungsfähigkeit des Werkstoffes erkannt und berücksichtigt. Das Verfahren VI ist im Prinzip dem unter II geschilderten ähnlich. Auch er ermittelt, wie zuletzt beschrieben, zunächst den y-Wert, so daß im ganzen Zuschnitt die Höhenumklappung h um dieses Maß durchweg verkürzt wird. In der bereits unter II angegebenen Weise wird auch hier auf Grund der genannten Gleichung der Hilfskreisdurchmesser d bestimmt, der jedoch um das Maß x eine der Dehnungsfähigkeit des Werkstoffes entsprechende Verkürzung erfährt. Die diesen Hilfskreis unter 45° in Punkt T berührende Tangente schneidet nun die im Abstand $h \div y$ eingezeichneten Umklappungslinien in den Punkten J und K. Bei rechtwinkligen Kappen schneiden die unter dem Winkel $\alpha = 22{,}5°$ zu den Mittelachsen geneigten Geraden die Mittelachse selbst in den Punkten E und F. Die Hilfskreise um E und F mit den Radien $\overline{ET}$ bzw. $\overline{FT}$ bilden einen ellipsenförmigen Zuschnitt.

So zahlreich in der jüngsten Zeit auf dem Gebiete des Erzeugens runder Ziehkörper Versuche vorgenommen worden sind, so wenig hat man sich mit der Herstellung eckiger Körper wissenschaftlich befaßt. Es erscheint deshalb doch als gewagt, wenn man von vornherein eine erhebliche Beschränkung des Zuschnittes durch Inrechnungstellen eines erheblichen y-Wertes vorsieht. Draeger hat in seiner sehr ausführlichen Arbeit bereits bewiesen, daß eine derartige Abweichung y von der theoretisch berechneten Platinenfläche nur unerheblich und abhängig von der Ziehkantenabrundung ist. Wenn auch Draeger diese Erkenntnis nur für runde Hohlkörper festgestellt hat, so dürfte es als unbegründet erscheinen, wollte man für eckige Körper in dieser bestimmten Hinsicht eine ganz andere Beziehung aufstellen. Diese Feststellung Draegers, gemäß der von der theoretisch ermittelten Zuschnittsfläche mit Rücksicht auf den Ziehwert des Werkstoffes keine oder zumindest nur sehr unerhebliche Abzüge gemacht werden dürfen, wird noch durch Ackermann bestätigt, welcher feststellte, daß die Wandstärke der gezogenen Körper nach dem Zargenrand zu erheblich über das ursprüngliche Maß hinauswächst. Die Zunahme der Blechstärke erscheint hierbei sogar die Schwächung am Boden und vor allen Dingen an der Bodenabrundung wesentlich zu übersteigen. Aus diesem Grunde erscheint mir bei der Anwendung des unter VI gegebenen Verfahrens zumindest Vorsicht geboten, und es dürfte daher kein Fehler von Glück sein, daß dieser die Dehnungsfähigkeit des Bleches unberücksichtigt ließ. Nur in ganz besonderen Fällen wird man deshalb das unter V angegebene Verfahren anwenden.

---

[1]) Musiol hat dieses Verfahren in seinem ersten Buch: Die rechnerische und zeichnerische Methode der Zuschnittsermittlung in der Ziehpressen-Technik (Verlag J. Stoll, Leipzig 1908) sowie in der Ill. Blech.-Ind. 1911 S. 1136 angegeben. Kurrein hat die Anwendung dieses Verfahrens in einem ausgeführten Beispiel für eine rechteckige Dose mit Deckel und Bodeneinzug gezeigt auf S. 521 Abb. 679 seines Buches: Die Werkzeuge und Arbeitsverfahren der Pressen (Berlin 1926).

Die Praxis hat gezeigt, daß es schließlich bei dem Ausfall der Ziehform weniger auf eine absolut genaue Zuschnittsermittlung, sondern vielmehr auf ein Blech gleichmäßiger Stärkentoleranz ankommt. Man soll deshalb bei geringer Herstellungsmenge, d. h. also bis zu etwa 2000 Stück, das unter III angegebene Verfahren infolge seiner geringen Werkzeugherstellungskosten vorziehen unter Berücksichtigung eines größeren Abfalles. Der Verfasser hat z. B. an Ziehkörpern etwa quadratischer Form, also bei annähernd gleichem Seitenverhältnis, mit kreisrundem Zuschnitt Versuche vorgenommen. Es stellte sich hierbei überraschenderweise heraus, daß eine Auszipfelung bei einem Teil der Körper in Mitte der Seiten auftrat und bei einem anderen Teil an den Ecken, während bei der Mehrzahl der Körper der Rand an allen Stellen gleich hoch war. Andere Körper wieder zeigten ganz unregelmäßige Verziehungen. Nach dem Aufschneiden der Ziehkörper und Prüfen ihrer Blechstärke auf der Meßmaschine erwiesen sich Stärkeunterschiede in der ursprünglichen Blechtafel selbst stets als die Ursache dieser Erscheinung. Es gelingt praktisch niemals, einen Ziehkörper derartig herzustellen, daß man auf ein Beschneiden selbst überhaupt verzichten kann[1]. Wichtig ist nur, daß stets noch etwas Randmaterial für den Abschnitt verbleibt, und daß dieser Abfallring in seiner Breite einigermaßen gleich ist, um eine gute Verformbarkeit des Materials zu gewährleisten. Ist nämlich der Streifen in seiner Breite sehr unterschiedlich, so wird das an den breiten Stellen liegende Material widerstandsfähiger als an den anderen Stellen des Ziehkörpers. An letzteren tritt ein Reißen des Ziehkörpers als Begleiterscheinung häufig ein. Je höher die Ziehbeanspruchung, je größer die Herstellungsmenge und je geringwertiger der zu verwendende Werkstoff, um so sorgfältiger muß die Ermittlung des Zuschnittes erfolgen. Für diese Fälle erscheinen die unter II, IV und V[2] angegebenen Verfahren als die zweckmäßigsten, andernfalls dürfte das unter III oder I angegebene genügen. Das letztere ist jedoch nur für verhältnismäßig große Abrundungen und geringe Ziehkörperhöhe geeignet.

9. Die Herstellung von Ziehwerkzeugen[3].

Bei geringen Stückzahlen und vor allen Dingen größeren Teilen wird man mit Gußeisen sowohl für Niederhalter als auch Unterteile auskommen. Ist das Blech zundrig und ungleichmäßig in der Stärke, kommen ferner große Stückzahlen in Frage, so wird man gemäß Abb. 24 zweckmäßig die Oberfläche des Niederhalters und des Unterteiles mit besonderen verschleißsicheren Platten, die evtl. gehärtet werden, ausstatten. Es ist zu berücksichtigen, daß im Falle der Befestigung dieser Platten mittels Schrauben das vorstehende Schraubenteil mit der Gleitfläche plan ab-

[1]) Über Beschneide-Werkzeuge siehe Werkzeugblatt 15.

[2]) Im Gegensatz zu den besprochenen 6 Zuschnittsgrundrissen empfiehlt Göhre in Masch.-Bau 1935 Heft 13/14 S. 376 einfache geradlinige Platinenzuschnitte, die etwa der Form V entsprechen, jedoch keine Abrundungen aufweisen.

[3]) Dem jeweiligen Verwendungszweck entsprechend sei hier auf einige Bauarten hingewiesen: Werkst.-Techn. 1926 Heft 21 S. 623 (Fingerhüte); ebenda 1923 Heft 16 S. 490 (ovale Hülsen für Feuerzeuge); ebenda 1925 Heft 3 S. 107 (Bürstenhalter für Staubsauger und Ventilatorengehäuse); ebenda 1926 Heft 2 S. 53 (Rechteckige, einseitig halbrunde Schalen; ebenda 1928 Heft 17 S. 799 (Kotflügel, Kühler, Autozubehör); ebenda 1924 H. 24 S. 770 (Vergasergehäuse, Differentialgehäuse, Schalldämpfergehäuse, Luftpumpen, Schmiergefäße, Bremsgehäuse usw.). — Kurrein: Werkzeuge und Arbeitsverfahren der Pressen (Berlin 1927) S. 336ff. und 448ff. (Patronenhülsen-Fabrikation).

geschliffen wird und somit keinerlei Anlaß zu ungleichmäßigen Verziehungen der hoch beanspruchten Ronde Anlaß gibt.

Das Abstreifen des gezogenen Hohlkörpers geschieht gemäß Abb. 24, Ausführung A in einfachster Weise derart, indem beim Rückwärtsgang des Stempels an den um das Maß b überstehenden Matrizenteil der Rand des gezogenen Hohlkörpers infolge Rückfederung anstößt und somit ein Abstreifen bewirkt wird. Sehr oft ist jedoch eine derartige Eigenfederung nicht vorhanden, besonders bei Aluminiumkörpern und solchen Hohlkörpern, die bereits mehrere Züge passiert haben. In diesem Falle machen sich besondere Abstreifervorrichtungen[1]) nötig, wie sie in der Ausführung B beispielsweise angegeben sind. Dort werden 2 Ringhälften mittels Federdruck derart gegeneinander gepreßt, daß sie beim Niedergang des Stempels zunächst seitlich ausweichen und nach Passieren des Werkstückes wieder nach innen springen. Beim Aufwärtsgang des Stempels wird der Rand des gezogenen Hohlkörpers an die Unterseite der beiden Ringhälften stoßen und somit abgestreift. Das Maß a in Abb. 24 muß so gering als möglich gehalten werden.

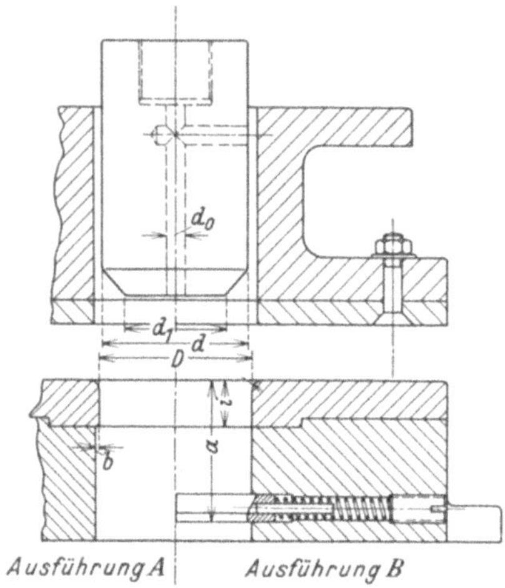

Abb. 24. Einfaches Ziehwerkzeug.

Nicht zu vergessen ist ein Entlüftungskanal im Stempel, den man durch eine zentrische und eine seitliche Bohrung, welche sich schneiden, herstellt. Der Durchmesser d_0 dieser Entlüftungsbohrungen soll mindestens $^1/_{10}$ des Stempeldurchmessers d betragen.

Das Wulstziehen[2]) wird in vielen Metallwarenfabriken bevorzugt, da es eine größere Ziehtiefe als das übliche Verfahren ermöglicht. An der Einzugsöffnung der Matrize befindet sich gemäß Abb. 25 eine wulstartige Erhöhung, deren Halbmesser etwa dem Fünffachen der sonst für das betreffende Blech üblichen Ziehkantenabrundung entspricht. Dieser Wulst steht ziemlich schroff über der Oberfläche des Unterteiles vor und verläuft nicht in einer gleichmäßigen Abrundung zu ihr, wie man

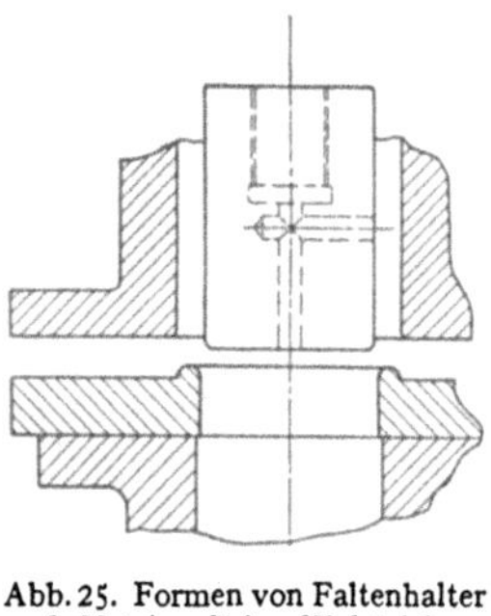
Abb. 25. Formen von Faltenhalter und Matrize beim Wulstziehen.

[1]) Eine andere Konstruktion eines federnden Abstreifers gibt Kurrein in seinem Buche: Werkzeuge und Arbeitsverfahren der Pressen (Berlin 1927) auf S. 434 Abb. 544 an.

[2]) Siehe hierzu Schubert: Stanz-, Zieh- und Prägetechnik (Leipzig 1931) S. 6 Abb. 1/2. — Sellin: Handbuch der Ziehtechnik (Berlin 1931) S. 222.

dies annehmen könnte. Im Niederhalter ist die Wulstnute entsprechend ausgespart. Die Ergebnisse der Praxis widersprechen sich beim Wulstziehen so außerordentlich, daß es gefährlich erscheint, dieses Verfahren ganz allgemein zu empfehlen, bevor nicht durch eingehende Betriebsversuche und wissenschaftliche Untersuchungen – solche sind zur Zeit noch nicht abgeschlossen – die am Wulstziehen beteiligten Einflüsse geklärt sind.

Doppelwandige Gefäße[1]) stellt man in einem Arbeitsgang derartig her, daß zunächst der innere Teil durch den Oberstempel fertig gezogen wird. Beim Aufwärtsgang des Stempels wird der Matrizenring, dessen Wandstärke dem lichten Wandabstand des herzustellenden Hohlkörpers entspricht, gleichzeitig mit nach oben bewegt und wirkt somit als Stempel, während der entsprechend ausgesparte Niederhalter nunmehr die Rolle der Matrize vertritt. Hierbei muß selbstverständlich der Blechflansch am Boden durch den um den Matrizenring befindlichen Teil gut gehalten werden. Man bezeichnet diese Art Ziehen als „Überstülpen".

Noch schwieriger ist die Herstellung nahtlos gezogener Hülsen[2]) mit beiderseitig angeordneten Flanschen. Bei breiten Flanschen ist die Ausführung auf der Presse unmöglich, das Umlegen des Flansches geschieht vielmehr auf der Drückbank.

Das Ziehen von Leder und Karton[3]) bietet keine besonderen Schwierigkeiten, wenn die Eigenart des Werkstoffes einmal bekannt ist. Die Werkzeuge für Kartonagen sind auf etwa 120 bis 150° zu erwärmen, das gleiche gilt für Furnierholz, was besonders zu Käsepackungen, neuerdings auch zu Zigarettenschachteln gezogen wird. Hinsichtlich der hierzu notwendigen Schmierung sei auf Tabelle X auch an dieser Stelle nochmals ausdrücklich verwiesen.

Das Zuschneiden der Platinen oder Ronden für den ersten Zug unter einem besonderen Werkzeug und in einem besonderen Arbeitsgang kann man ersparen, wenn man den Niederhalter an seiner äußeren Begrenzung mit einer Schnittkante versieht. Diese Möglichkeit besteht nicht allein bei den doppelt wirkenden Pressen, sondern auch bei einfach wirkenden Maschinen, also z. B. bei Spindelpressen mit Federwerkzeugen[4]).

Bei den einfach wirkenden Maschinen sind derartige sog. Schnittzüge jedoch nur bei sehr schwachem Material anwendbar, denn es besteht der nicht unerhebliche Nachteil, daß beim weiteren Niedergang des Ziehstempels der als Schnittstempel wirkende Niederhalter immer stärker auf die Ronde herabgedrückt wird. Da nun bei fortschreitendem Ziehvorgang der unter dem Blechhalter befindliche Teil des Werkstückes sowieso unter wachsendem spezifischem Druck steht, also auch unter dem Niederhalter von doppelt wirkenden Maschinen, so muß bei diesem Werkzeug mit gefedertem Blechhalter die spezifische Druckwirkung während des Zieh-

[1]) Über das Überstülpverfahren berichtet Kurrein in seinem Buche: Werkzeuge und Arbeitsverfahren der Pressen (Berlin 1927) auf S. 526. — Siehe ferner Werkst.-Techn. 1927 Heft 7 S. 338 Abb. 31. — Litz-Lebeis: Spanlose Formung (ADB Bd. IV, Berlin 1926) S. 137.

[2]) Siehe hierzu: Werkst.-Techn. 1924 Heft 23 S. 727 (Stahlhülsen mit doppelseitigem Flansch); ebenda 1928 Heft 13 S. 382 (Federringe).

[3]) Über das Ziehen von Pappe, Papier und Leder berichtet Kurrein in seinem Buch: Werkzeuge und Arbeitsverfahren der Pressen (Berlin 1927) auf S. 529ff. — Siehe ferner Z. VDI 1927 Heft 17 S. 549.

[4]) Ein Ziehwerkzeug für Exzenterpressen zeigt Sellin auf S. 18 seines Buches: Ziehtechnik (Werkstattbuch 25, Berlin 1926). Weiterhin ist in der Werkst.-Techn. 1927 Heft 7 S. 207 Abb. 3—6 ein Werkzeug zur Herstellung von Benzinbehältern auf einfach wirkenden Maschinen angegeben.

vorganges übermäßig ansteigen und wird daher häufig ein vorzeitiges Reißen des Werkstoffes herbeiführen.

In der Ausführung A der Abb. 26 ist dieser Schnittzug[1]) wiedergegeben. Es empfiehlt sich, das Maß *i* nicht zu klein zu wählen, denn die Feder wird erst um ein gewisses Maß zusammengedrückt werden, bis sie den Schnittdruck überwindet. Von der Tiefe des Zuges, der Stärke des Werkstoffes, der Stempelgröße, der Form und anderen Einflüssen ist die Bemessung der Federstärke abhängig. Es kann deshalb kein festes Maß für *i* angegeben werden. Dieses beträgt annähernd für Bleche von 0,3 mm Stärke etwa 6 mm, bei 1 mm starken Blechen etwa 15 mm.

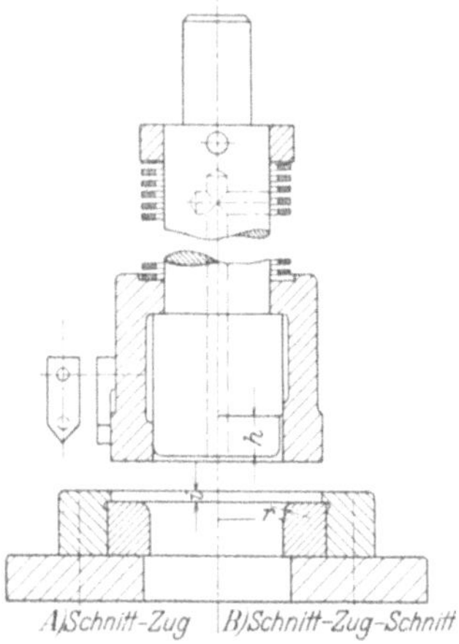

Abb. 26. Schnitt-Zug und Schnitt-Zug-Schnitt.

Wird für den vorliegenden Schnittzug Streifenmaterial verwandt, so können seitlich angeschraubte Schneidstücke als Trennstempel gute Dienste leisten.

Die Ausführung B der Abb. 26 zeigt den sog. Schnitt-Zug-Schnitt[2]), d. h. die Platine wird zunächst ausgeschnitten und gezogen wie unter Ausführung A. Der Zugstempel ist jedoch abgesetzt und weist in der Höhe *h* des fertigen Hohlkörpers vom Stempelboden entfernt eine scharfe Schnittkante auf. Es leuchtet ohne weiteres ein, daß im Augenblick des Schnittes das Material nicht so sauber geschnitten werden kann, wie dies bei Schnitten sonst üblich ist, da die Gegenschnittkante in diesem Falle gleichzeitig die Ziehkante ist und daher einen Ziehkantenradius *r* aufweist. Man wird nun für *r* in Anbetracht des Schnittvorganges einen möglichst kleinen Radius wählen, was bei geringer Zugbeanspruchung und bei leicht verformbarem Material möglich ist. Eine andere Ausbildung ist unter B angegeben; dort wird durch Einstechen der abgerundete Ziehkantenverlauf auf eine geringe Strecke von etwa $^1/_2$ mm unterbrochen. Doch muß trotzdem festgestellt werden, daß es auf jeden Fall einen nicht unerheblichen Mangel bedeutet, wenn die Ziehkante gleichzeitig als Schnittkante dient. Der Ziehring nutzt sich in diesem Falle ungewöhnlich rasch ab. Der Schnitt-

[1]) Konstruktionen von Schnittzügen geben an: Litz-Lebeis: Spanlose Formung (ADB Bd. IV, Berlin 1926) S. 135. — Pockrandt: Mechanische Technologie (Berlin 1929) S. 214 Abb. 189. — Weiterhin finden sich praktische Anwendungsmöglichkeiten des Schnittzuges in: Kurrein: Werkzeuge und Arbeitsverfahren der Pressen (Berlin 1927) S. 699 Abb. 920 (Zugschnitt im Folgewerkzeug für die Plombenherstellung). — Masch.-Bau 1927 Heft 1 S. 32 Abb. 1 (Komb. Loch- und Ziehwerkzeug für Bremsscheiben). — Werkst.-Techn. 1927 Heft 9 S. 267 (Schnittzug für einen Führersitz landwirtschaftlicher Maschinen).

[2]) Die verschiedenen Kombinationsmöglichkeiten zwischen Schnitt und Zug gibt Kaczmarek in seinem Buche: Moderne Stanzerei (Berlin 1929) an. und zwar auf S. 82 Abb. 91—94 den Schnittzug, auf S. 84 Abb. 95 den Zugschnitt, auf S. 85 Abb. 96 den Schnitt-Zug-Schnitt und auf S. 86 Abb. 99 die Schnitt-Zug-Stanze. — Siehe auch AWF 5831 Zug-Schnitt, AWF 5842 Schnitt-Zug-Schnitt, AWF 5851 Schnitt-Zug-Stanze. — Ein Schnitt-Zug-Schnitt ist auf S. 54 unten der Werkst.-Technik 1935 Heft 3 angegeben.

Zug-Schnitt ist deshalb nur dort zu empfehlen, wo erstens der Werkstoff gut verformbar ist, zweitens die zu ziehenden Hohlgefäße nur sehr geringe Höhe[1]) aufweisen und drittens der Rand des gezogenen Hohlkörpers nicht einwandfrei glatt zu sein braucht.

E. Die Auswahl des Werkzeugstahles.

Man unterscheidet bei Werkzeugstählen 2 Hauptgruppen, und zwar die unlegierten, welche außer Kohlenstoff nur geringe Beimengungen von Mangan und Silizium aufweisen, einerseits und die legierten Stähle andererseits. Letztere können außer Kohlenstoff noch Zusätze von Wolfram, Chrom, Kobalt, Nickel, Molybdän und Vanadium enthalten. Diese Zusätze können die Eigenschaften des Stahles wesentlich verbessern, womit jedoch nicht gesagt ist, daß in allen Fällen der legierte Stahl dem unlegierten vorzuziehen ist. Für viele Zwecke sind sogar die unlegierten Werkstoffe vorteilhafter.

Im Rahmen dieser Abhandlung kann nicht auf Einzelheiten eingegangen werden. Es sei an dieser Stelle auf die einschlägige Literatur hingewiesen[2]).

Tabelle XIV.

Die Bezeichnung der gebräuchlichen geschmiedeten, unlegierten Stähle.

Nach DIN 1611.

Markenbezeichnung	Zugversuch nach DIN 1605			Kohlenstoffgehalt C (für die Abnahme nicht bindend)	Eigenschaften
	Zugfestigkeit	Bruchdehnung mindestens %			
	kg/mm²	am kurzen Normalstab oder kurzem Proportionalstab	am langen Normalstab oder langen Proportionalstab	%	
St 34·11	34 bis 42	30	25	0,12	Einsetzbar Feuerschweißbar
St 37·11	37 bis 45	25	20	0,18	Übliche Thomas- oder SM-Güte. Schweißt nicht immer gut und zuverlässig.
St 42·11	42 bis 50	24	20	0,25	Noch einsetzbar, wenn Kern bereits hart sein darf. Schwer feuerschweißbar.
St 50·11	50 bis 60	22	18	0,35	Nicht für Einsatzhärtung bestimmt. Kaum feuerschweißbar. Wenig härtbar.
St 60·11	60 bis 70	17	14	0,45	Härtbar Vergütbar
St 70·11	70 bis 85	12	10	0,60	Noch härtbar Vergütbar

[1]) Über die Wahl der Durchmesser bei Schnitt-Zug-Schnitt-Werkzeugen gibt die Werkstatt u. Betrieb 1936 Heft 5/6 S. 82 erschöpfend Auskunft.

[2]) Siehe hierzu insbesondere: Rapatz: Die Edelstähle (Berlin 1925). — Brearley-Schäfer: Die Werkzeugstähle und ihre Wärmebehandlung (Berlin 1922). — Benetke: Über Schnitt- und Stanzstähle (Werkzeugmasch. 1928 Heft 3 S. 41). — Reiser-Rapatz: Das Härten des Stahles (Verlag A. Felix, Leipzig 1932). — Leitner: Betriebsforschung und Güteprüfung in ihrer Bedeutung bei der Erzeugung der Böhler-Edelstähle (Masch.-Bau 1930 Heft 18 S. 609). — Schreiber: Fehlerhafte Erscheinungen bei Werkzeugstählen (Masch.-Bau 1930 Heft 12 S. 427). — Boch: Beitrag zur Wärmebehandlung des Stahles (Masch.-Bau 1931 Heft 4 S. 127). — Kaczmarek: Werkzeugstahl für Stanzereiwerkzeuge (Werkstatt u. Betrieb 1936 Heft 23/24 S. 310).

Die Eigenschaften der unlegierten, also reinen Kohlenstoffstähle können im Eisen-Kohlenstoff-Diagramm Abb. 27 gut dargestellt werden. Kohlenstoff bildet mit dem Eisen gemeinsam einen harten Bestandteil, das sog. Eisenkarbid Fe_3C, das im Stahl um so reichhaltiger enthalten ist, je höher der Kohlenstoffgehalt anwächst. Bei kohlenstofffreiem Eisen können sich keine Karbide bilden, vielmehr nur reine Eisenkristalle, der sog. Ferrit. Bei Vorhandensein von nur wenig Kohlenstoff schieben sich zwischen die Ferritkristalle andere Kristalle ein, die aus einem Gemenge von Eisen und

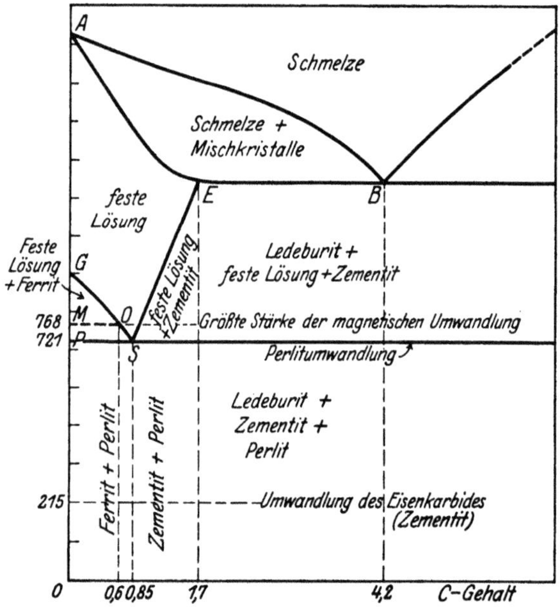

Abb. 27. Zustandsdiagramm des Systems Eisen-Kohlenstoff.

Eisenkarbid, dem sog. Perlit, bestehen. Perlit hat immer den gleichen Sättigungsgrad an Kohlenstoff von etwa 0,9 %. Infolgedessen kann erst bei einem Kohlenstoffgehalt von 0,9 % das ganze Eisen aus Perlit bestehen. Dieser Zustand wird mit Eutektoid bezeichnet. Stähle unter 0,9 % Kohlenstoffgehalt bezeichnet man als untereutektoide Stähle, Stähle mit über 0,9 % als übereutektoide Stähle.

Der Kohlenstoffstahl mit etwa 0,5 % Kohlenstoff der Abb. 28 zeigt die weißen Ferritkristalle, zwischen denen sich schon in großer Menge streifiger Perlit abgelagert hat. In der Abb. 29 ist beinahe der Sättigungsgrad von 0,9 % Kohlenstoff erreicht. Die fingerabdruckähnlichen Gebilde sind typisch für ein derartiges Gefügebild. Bei Erhöhung des Kohlenstoffgehaltes scheidet sich neben dem Perlit noch freies Eisenkarbid aus, was mit Zementit bezeichnet wird. Dieser Bestandteil ist außerordentlich hart. In der Abb. 30 ist das Gefüge eines übereutektoiden Stahles mit 1,2 %

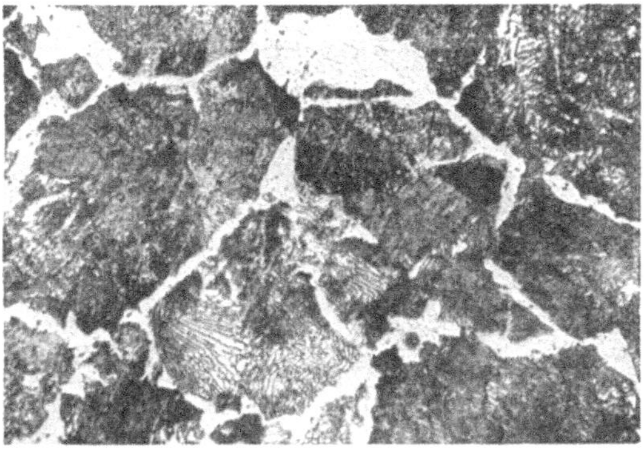

Abb. 28. Kohlenstoffstahl mit 0,50% C.

Abb. 29. Kohlenstoffstahl mit 0,85% C.

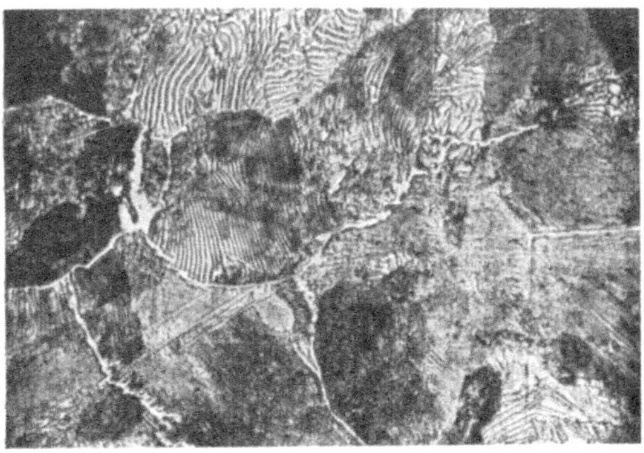

Abb. 30. Kohlenstoffstahl mit 1,20% C.

Tabelle XV a. Werkzeugstahl für

Werkstoff	Werkstoffstärke	Art der Arbeit
Blei	bis 3 mm	fein
Aluminiumblech	bis 1,5 mm	
Zinkblech	bis 1 mm	
Kupferblech	bis 1 mm	
Messingblech	bis 0,8 mm	
Weiches Stahlblech (Stanzblech)	bis 0,8 mm	grob
Härteres Stahlblech (K_s 3000 bis 5000 kg/cm²)	bis 0,5 mm	
Blei	über 3 mm	fein
Aluminiumblech	über 1,5 mm	
Zinkblech	bis 2,5 mm	
Kupferblech	bis 2,5 mm	
Messingblech	bis 2 mm	grob
Weiches Stahlblech (Stanzblech)	bis 2 mm	
Härteres Stahlblech (K_s 3000 bis 5000 kg/cm²)	bis 1,5 mm	
Federhartes Stahlblech	bis 0,3 mm	
Zinkblech	über 2,5 mm	fein
Kupferblech	über 2,5 mm	
Messingblech	über 2 mm	
Weiches Stahlblech (Stanzblech)	über 2 mm	grob
Härteres Stahlblech[1] (K_s 3000 bis 5000 kg/cm²)	über 1,5 mm	
Federhartes Stahlblech	bis 0,8 mm	

Kohlenstoff ersichtlich. Zwischen den Perlitinseln findet man Ablagerungen von Zementit[2]).

Eine möglichst gleichmäßige Auflösung des Eisenkarbides im Eisen führt den Zustand der Härte herbei, und zwar durch Erhitzen des Stahles auf eine bestimmte Temperatur und rasches Abschrecken desselben in Wasser

[1]) Bei Verwendung von Böhler Spezial K und Böhler Spezial KN darf die Werkstoffstärke nicht über 2 mm betragen.

[2]) Die 4 Abbildungen 27, 28, 29 und 30 sind dem Buch von Rapatz: Die Edelstähle (Berlin 1925) entnommen.

Schnittplatten und Schnittstempel (Böhler).

Anzahl der Schnitte		
Geringere Stückzahlen	Stückzahlen von etwa	Sehr große Stückzahlen
Böhler mittelhart „ zäh „ naturhart	**10000 bis 50000 Stck.** Böhler Amutit „ FM „ MST „ Extra MG Böhler Extrazähhart	Böhler Spezial K „ Spezial KN „ Amutit „ FM „ MST Böhler Extrazähhart
Böhler mittelhart „ zäh „ naturhart	Böhler FM „ MST Böhler Extrazähhart „ mittelhart	Böhler Spezial K „ Spezial KN „ FM „ MST Böhler Extrazähhart
Böhler mittelhart „ zäh	**5000 bis 30000 Stck.** Böhler Amutit „ FM „ MST „ Extra MG Böhler Extrazähhart	Böhler Spezial K „ Spezial KN „ Amutit
Böhler mittelhart „ zäh	Böhler FM „ MST Böhler Extrazähhart	Böhler Spezial K „ Spezial KN „ Amutit Böhler Extrazähhart
Böhler FM „ MST „ MG Böhler Extrazähhart	**2000 bis 10000 Stck.** Böhler Amutit „ KL[1]) „ FM „ MST	Böhler Spezial K „ Spezial KN „ Amutit „ KL[1])
Böhler MST „ Extra MG Böhler Extrazähhart	Böhler KL[1]) „ MY Extra[1]) „ FM „ MST Böhler Extrazähhart	Böhler Spezial K „ Spezial KN „ KL[1]) Böhler Extrazähhart

oder Öl oder sonst einem Härtemittel. Der Lösungszustand bleibt dann erhalten in Form eines feinen Nadelgebildes, des sog. Martensits. Das Eisenkarbid kann sich nicht mehr, wie ursprünglich, frei ausscheiden. Eine derartige Abscheidung würde selbstverständlich eintreten, wenn die Abkühlung allmählich und nicht plötzlich ausgeführt würde. Die Härtetemperaturen, auf welche die Werkstücke durchgreifend erwärmt werden müssen, sind bei unlegierten Stählen von der Höhe des Kohlenstoffgehaltes abhängig und im Diagramm der Abb. 27 angegeben. Ähnlich verhält es

[1]) Für besonders starken Werkstoff geeignet.

Tabelle XVIa. Behandlung der Werkzeugstähle zu Tabelle XVa. (Böhler.)

Stahlmarke	Anlieferungszustand, geglüht		Schmiede-temperatur	Glüh-temperatur	Härte-temperatur	Ab-schreck-mittel	Mittlere Abschreck-härte, Rockwell C-Teilung	Anlaßfarbe Anlaßtemperatur in °C entsprechende Härte, Rockwell C-Teilung	Gebräuch-lichste Anlaßhärte, Rockwell C-Teilung
	mittlere Brinell-härte B_H kg/mm²	mittlere Festigkeit kg/mm²	°C	°C	°C				
Böhler Spezial K und „ Spezial KN .	230	80	1000 bis 850	780 bis 800	Starke Stücke 900 bis 950 schwache Stücke 850 bis 900	Öl an der unteren, Luft oder Preßluft an der oberen Grenze	64	gelb bis purpur 220 bis 260 62 „ 60	64 bis 62
„ Amutit . . .	220	75	950 „ 850	720 „ 730	790 bis 830	Öl	64	gelb bis blau 220 „ 300 62 „ 60	64 „ 62
„ MST	220	75	950 „ 850	660 „ 680	780 „ 840	Öl	64	gelb bis blau 200 „ 300 62 „ 58	64 „ 62
„ FM	220	75	950 „ 850	720 „ 730	840 „ 870	Öl	65	gelb bis blau 200 „ 300 64 „ 58	65 „ 62
„ Extra MG . .	185	65	950 „ 850	690 „ 700	790 „ 810	Öl	64	nicht oder hellgelb 200 62	64 „ 62
„ MY Extra . .	185	65	1000 „ 800	700 „ 710	850 „ 950 800 „ 850	Öl Wasser	59 61	— gelb 220 60	59 „ 57 61 „ 59
„ KL	220	75	950 „ 850	700 „ 710	850 „ 930	Öl	60	gelb 220 58	58
„ Extrazähhart.	175	63	950 „ 850	690 „ 700	780 „ 800	Wasser	65	hellgelb bis blau 200 bis 300 64 „ 60	64 bis 62
„ mittelhart . .	175	63	950 „ 850	690 „ 700	780 „ 800	Wasser	65	hellgelb bis blau 200 bis 300 64 „ 60	64 „ 62
„ zäh	175	63	950 „ 850	670 „ 680	800 „ 820	Wasser	65	hellgelb bis blau 200 bis 300 64 „ 30	63 „ 61

Tabelle XVb. Werkzeugstähle für Schnittplatten und Schnittstempel (DEW).

Werkstoff	Werkstoffstärke	Art der Arbeit	Anzahl der Schnitte: geringere Stückzahlen	Anzahl der Schnitte: Stückzahlen von etwa	Anzahl der Schnitte: sehr große Stückzahlen
				10000 bis 50000 Stck.	
Blei Aluminiumblech Zinkblech Kupferblech Messingblech Weiches Stahlblech (Stanzblech)	bis 3 mm bis 1,5 mm bis 1 mm bis 1 mm bis 0,8 mm bis 0,8 mm	fein	CRM[1]) ES 3 je nach Abm. ES 4 je nach Abm.	Veresta CRM SS 3 je nach Abm. SS 4 je nach Abm.	Bora Veresta
Härteres Stahlblech (K_s 3000 bis 5000 kg/cm²)	bis 0,5 mm	grob	ES 3 je nach Abm. ES 4 je nach Abm.	CRM SS 3 je nach Abm. SS 4 je nach Abm.	Bora Veresta
				5000 bis 30000 Stck.	
Blei Aluminiumblech Zinkblech Kupferblech Messingblech Weiches Stahlblech (Stanzblech)	über 3 mm über 1,5 mm bis 2,5 mm bis 2,5 mm bis 2 mm bis 2 mm	fein	CRM[1]) ES 3 je nach Abm. ES 4 je nach Abm.	Veresta CRM SS 3 je nach Abm. SS 4 je nach Abm.	Bora Veresta
Härteres Stahlblech (K_s 3000 bis 5000 kg/cm²) Federhartes Stahlblech	bis 1,5 mm bis 0,3 mm	grob	ES 3 je nach Abm. ES 4 je nach Abm.	CRM SS 3 je nach Abm. SS 4 je nach Abm.	Bora Veresta
				2000 bis 10000 Stck.	
Zinkblech Kupferblech Messingblech Weiches Stahlblech (Stanzblech)	über 2,5 mm über 2,5 mm über 2 mm über 2 mm	fein[3])	CRM[1]) ES 4 je nach Abm. ES 5 je nach Abm.	Veresta[4]) CRM SS 4 je nach Abm. SS 5 je nach Abm.	Bora[2]) Veresta[4]) CRM
Härteres Stahlblech[2]) (K_s 3000 bis 5000 kg/cm²) Federhartes Stahlblech[2])	über 1,5 mm bis 0,8 mm	grob	CRM ES 4 je nach Abm. ES 5 je nach Abm.	CRM Durax H[5]) SS 4 je nach Abm. SS 5 je nach Abm.	Bora[2]) Veresta[4]) CRM Durax H[5])

[1]) Für geringe Stückzahlen wurde auch ein niedrig legierter Ölhärtestahl (CRM) aufgenommen, da auch hier, zumal bei Feinarbeit, Formen vorliegen können, wo eine Ölhärtung aus härtetechnischen Gesichtspunkten notwendig ist. [2]) Bei Verwendung von Bora soll die Werkstoffstärke möglichst nicht über 2 mm betragen. [3]) Die Grenze für Feinarbeit dürfte je nach Form bei etwa 7 bis 10 mm Blechstärke liegen (bei weichen Materialien). [4]) Bei komplizierten Formen normal bis 3 bis 4 mm Blechstärke. [5]) Für sehr starke Bleche.

Tabelle XVIb. Behandlung der Werkzeugstähle zu Tabelle XVb (DEW).

Stahlmarke	Anlieferungszustand geglüht: mittlere Brinellhärte B_H	mittlere Festigkeit errechnet aus Brinellhärte kg/mm²	Schmiedetemperatur °C	Glühtemperatur °C	Härtetemperatur °C**	Abschreckmittel	Mittlere Abschreckhärte, Rockwell C-Teilung	Anlaßfarbe	Gebräuchlichste Anlaßhärte, Rockwell C-Teilung
Bora	240	85	1000 bis 850*	800 bis 830	920 bis 960	Luft oder Gebläse (starke Abm. Öl)	63 (64)	braun bis blau	60 bis 63
Veresta	215	77	1000 „ 850*	720 „ 740	780 „ 830	Öl	64	braunrot bis violett	59 „ 62
CRM	195	70	1000 „ 800*	710 „ 730	780 „ 820	Öl	64	dunkelgelb bis violett	59 „ 62
Durax H	210	75	1050 „ 850	730 „ 750	820 „ 850	Öl	60	dunkelgelb bis blau	55 „ 58
SS 3 (ES 3) . . .	190	68	1000 „ 800	700 „ 720	770 „ 790	Wasser	65	braun bis blau	59 „ 62
SS 4 (ES 4) . . .	180	65	1000 „ 750	700 „ 720	780 „ 800	Wasser	65	braun bis blau	58 „ 62
SS 5 (ES 5) . . .	170	61	1000 „ 750	680 „ 700	790 „ 810	Wasser	65	braun bis blau	58 „ 62

* Abkühlen muß in Asche, Sand oder Grube erfolgen. ** Obere Temperaturgrenze: starke Stücke; untere Temperaturgrenze: schwache Stücke.

sich mit der Schmiedetemperatur, die fast um 100° über der Härtetemperatur liegt. Die Umwandlungstemperaturen liegen unter den Härtetemperaturen und tragen folgende Bezeichnungen:

Ac_1 = Auflösung des Perlit-Zementits im Eisen (Zustand der festen Lösung) bei der Erwärmung von etwa 730° entsprechend Linie *PS* der Abb. 27.

Ar_1 = Ausscheidung des Perlit-Zementits aus der festen Lösung beim Abkühlen (etwa 680°) 40° unter der Linie *PS* gemäß Abb. 27.

Ac_3 = vollendete Lösung des Ferrits beim Erwärmen untereutektoider Stähle (zwischen 730 und 900°) entsprechend Linie *GS* der Abb. 27.

Ar_3 = Beginn der Abscheidung des Ferrits aus der festen Lösung bei untereutektoiden Stählen (etwa 700 bis 900°). Diese Umwandlungslinie liegt um ein weniges unter der Linie *GS* der Abb. 27.

Ac_{cm} = Vollendung der Auflösung des Zementits bei der Erwärmung oder Beginn des Ausfallens des Zementits aus der festen Lösung beim Abkühlen übereutektoider Stähle (etwa zwischen 700 und 1150°) entsprechend der Linie *SE* der Abb. 27.

In der Zahlentafel XIV, S. 89 sind die Eigenschaften der unlegierten Stähle nach DIN 1611 angegeben[1]).

Während für die weniger beanspruchten Teile der

[1]) Unter Genehmigung des NDI und des Beuthverlages hier angegeben.

Tabelle XV c. Werkzeugstahl für Schnittplatten und Schnittstempel (Krupp).

Werkstoff	Werkstoffstärke mm	Anzahl der Schnitte: Geringe Stückzahlen	Anzahl der Schnitte: Stückzahlen von etwa	Anzahl der Schnitte: Sehr große Stückzahlen
			10000 bis 50000 Stck.	
Blei	bis 3		DF 51	DF 168 C
Aluminiumblech	bis 1,5		P 77	F 4048
Zinkblech	bis 1		BFG	DF 51
			DF 35 CV	P 77
Kupferblech	bis 1	BS 3	HM 4	HM 4
Messingblech	bis 0,8	BS 5		
Weiches Stahlblech (Stanzblech)	bis 0,8		BFG	DF 168 C
			P 77	F 4048
Härteres Stahlblech		BS 3	HM 4	P 77
(K_s 3000 bis 5000 kg/cm²)		BS 5	HM 3	HM 4
			5000 bis 30000 Stck.	
Blei	über 3		DF 51	DF 168 C
Aluminiumblech	über 1,5		BFG	F 4048
			P 77	DF 51
Zinkblech	bis 2,5		DF 35 CV	
Kupferblech	bis 2,5	BS 3	HM 4	
		BS 5		
Messingblech	bis 2		BFG	DF 168 C
Weiches Stahlblech (Stanzblech)	bis 2		P 77	F 4048
				DF 51
Härteres Stahlblech (K_s 3000 bis 5000 kg/cm²)	bis 1,5	BS 3	HM 4	HM 4
		BS 5		
Federhartes Stahlblech	bis 0,3			
			2000 bis 10000 Stck.	
Zinkblech	über 2,5	BFG	DF 51	DF 168 C
		P 77	BDF 50	F 4048
Kupferblech	über 2,5	DF 35 CV	BFG	DF 51
			P 77	BDF 50
Messingblech	über 2	HM 4		
Weiches Stahlblech		P 77	BDF 50	DF 168 C
(Stanzblech)	über 2	DF 35 CV	BFG	F 4048
Härteres Stahlblech (K_s 3000 bis 5000 kg/cm²)	über 1,5		P 77	BDF 50
Federhartes Stahlblech	bis 0,8	HM 4	HM 4	HM 4

Stanzwerkzeuge Stähle geringerer Festigkeit genügen, wie z. B. die Stähle DIN 1611 St 37, St 42, liegen die Verhältnisse für hochbeanspruchte Teile viel komplizierter. Bereits bei den Stempelführungsplatten und Stempelkopfplatten gehen die Ansichten über den zu wählenden Werkstoff sehr auseinander. Manche glauben, daß auch der weichste Stahl genügt und gerade bei Stempelführungsplatten gar nicht weich genug sein kann, um ein leichtes Anhämmern zu ermöglichen. Auf der anderen Seite werden sogar naturharte Stähle empfohlen. Kopfplatten, Einspannzapfen, Grundplatten u. a. können aus weichen Werkstoffen, also St 37 · 11 bzw. St 42 · 11 hergestellt werden. Anschneideanschläge, Hakenanschläge sowie überhaupt sämtliche An-

Tabelle XVIc. Behandlung der Werkzeugstähle von Tabelle XVc (Krupp).

Stahlmarke	Anlieferungszustand geglüht		Schmiede-temperatur	Glüh-temperatur	Härte-temperatur	Ab-schreck-mittel	Mittlere Abschreck-härte Rockwell C	Anlaßfarbe Anlaßtemperatur Härte Rockwell C	Gebräuch-lichste Anlaßhärte Rockwell C
	Brinell-härte B_H kg/mm²	Festig-keit kg/mm²	° C	° C	° C			° C	
BS 3	<190	<70	1000 bis 800	720 bis 750	760 bis 780	Wasser	65	hellgelb bis braungelb 200 bis 250 64 ,, 60	60 bis 62
BS 5	<190	<70	1050 ,, 800	720 ,, 750	770 ,, 790	Wasser	65	64 ,, 60	60 ,, 62
HM 4	<190	<70	1000 ,, 800	720 ,, 750	760 ,, 780	Wasser	65	64 ,, 60	60 ,, 62
HM 5	<190	<70	1050 ,, 800	720 ,, 750	770 ,, 790	Wasser	65	64 ,, 60	60 ,, 62
DF 51	<230	<80	1000 ,, 850	750 ,, 780	810 ,, 830	Öl	64	hellgelb bis braungelb 200 bis 250 62 ,, 60	60 ,, 62
DF 35 CV	<200	<70	1000 ,, 850	750 ,, 780	800 ,, 830	Öl	64	gelb 200 bis 250 60 ,, 58	58 ,, 60
P 77	<200	<70	1000 ,, 850	750 ,, 780	760 ,, 800	Öl	64	hellgelb 180 ,, 220 62 ,, 60	60 ,, 62
DF 168 C	<230	<80	1100 ,, 900	850 ,, 880	950 ,, 980 oder	Luft	64	hellgelb bis braungelb 200 ,, 250 62 ,, 59	62 ,, 64
F 4048	<230	<80	1100 ,, 900	850 ,, 880	930 bis 950	Öl	64		
BDF 50	<210	<75	1050 ,, 850	750 ,, 780	850 ,, 880 oder	Öl	59	gelb bis grau 200 ,, 350 56 ,, 52 gelb bis blau 200 ,, 300 60 ,, 57	52 ,, 56
					800 bis 830	Wasser	61		

Tabelle XVIIa. Werkzeugstahl für Biegesenke (Böhler).

Werkstoff	Werkstoffstärke s	Innerer Biegeradius r	Anzahl der Biegungen: geringere Herstellungsmenge	Herstellungsmenge von etwa	sehr große Herstellungsmenge
				20 000 bis 100 000 Stck.	
Aluminiumblech Zinkblech Kupferblech Messingblech	bis 2 mm bis 2 mm bis 2,5 mm bis 1,5 mm	scharfkantig ($r \leqq 0{,}5\,s$)	Böhler mittelhart „ zäh	Böhler Extrazähhart „ mittelhart	Böhler TWV „ Extrazähhart „ WON
Weiches Stahlblech (Stanzblech) Härteres Stahlblech (K_s 3000 bis 5000 kg/cm²)	bis 1,5 mm bis 1 mm	stumpfkantig ($r \geqq 0{,}5\,s$)	Böhler mittelhart „ zäh	Böhler mittelhart „ zäh	Böhler Extrazähhart „ WON
				10 000 bis 50 000 Stck.	
Aluminiumblech Zinkblech Kupferblech Messingblech	bis 4 mm bis 3,5 mm bis 4,5 mm bis 2,5 mm	scharfkantig ($r \leqq 0{,}8\,s$)	Böhler mittelhart „ zäh	Böhler TWV „ Extrazähhart	Böhler Spezial KN Böhler TWV „ WON
Weiches Stahlblech (Stanzblech) Härteres Stahlblech (K_s 3000 bis 5000 kg/cm²)	bis 2,5 mm bis 2 mm	stumpfkantig ($r \geqq 0{,}8\,s$)	Böhler mittelhart „ zäh	Böhler Extrazähhart	Böhler Extrazähhart „ WON
				10 000 bis 30 000 Stck.	
Aluminiumblech Zinkblech Kupferblech Messingblech	über 4 mm über 3,5 mm über 4,5 mm über 2,5 mm	scharfkantig ($r \leqq 1{,}0\,s$)	Böhler Extrazähhart	Böhler Spezial KN Böhler KP „ Extrazähhart	Böhler Spezial KN Böhler KP
Weiches Stahlblech (Stanzblech) Härteres Stahlblech (K_s 3000 bis 5000 kg/cm²)	über 2,5 mm über 2 mm	stumpfkantig ($r \geqq 1{,}0\,s$)	Böhler Extrazähhart	Böhler Extrazähhart	Böhler KP „ Extrazähhart

Tabelle XVIII a. Behandlung der Werkzeugstähle zu Tabelle XVII a (Böhler).

Stahlmarke	Anlieferungszustand, geglüht		Schmiede-temperatur	Glüh-temperatur	Härte-temperatur	Abschreck-mittel	Mittlere Abschreck-härte, Rockwell C-Teilung	Anlaßfarbe Anlaßtemperatur in °C entsprechende Härte Rockwell C-Teilung	Gebräuch-lichste Anlaßhärte, Rockwell C-Teilung
	mittlere Brinell-härte B_H kg/mm²	mittlere Festigkeit kg/mm²	°C	°C	°C				
Böhler Spezial KN .	230	80	1000 bis 850	780 bis 800	Starke Stücke 900 bis 950 schwache Stücke 850 bis 900	Öl an der unteren, Luft oder Preßluft an der oberen Grenze	64	gelb bis purpur 220 ,, 260 62 ,, 60	64 bis 62
,, KP	260	90	900 ,, 800	720 ,, 730	780 ,, 800	Wasser	66	gelb bis blau 220 ,, 300 64 ,, 62	64 ,, 62
,, TWV . . .	205	70	1000 ,, 850	710 ,, 730	810 ,, 830	Wasser	65	mindestens auf dunkelblau mind. 290 60	60 ,, 58
,, WON . . .	185	65	1000 ,, 850	680 ,, 710	820 ,, 860	Wasser, kleine und mittlere Stücke an der unteren, große an der oberen Grenze	65	braun bis purpur 240 ,, 260 63 ,, 60	60 ,, 58
,, Extrazähhart	175	63	950 ,, 850	690 ,, 700	780 ,, 800	Wasser	65	hellgelb bis blau 200 ,, 300 64 ,, 60	64 ,, 62
,, mittelhart . .	175	63	950 ,, 850	690 ,, 700	780 ,, 800	Wasser	65	hellgelb bis blau 200 ,, 300 64 ,, 60	64 ,, 62
,, zäh	175	63	950 ,, 850	670 ,, 680	800 ,, 820	Wasser	65	hellgelb bis blau 200 ,, 300 64 ,, 60	63 ,, 61

Tabelle XVIIb. Werkzeugstahl für Biegesenke (DEW).

Werkstoff	Werkstoffstärke s	Innerer Biegeradius r	Anzahl der Biegungen: geringere Herstellungsmenge	Anzahl der Biegungen: Herstellungsmenge von etwa	Anzahl der Biegungen: sehr große Herstellungsmenge
				20 000 bis 100 000 Stck.	
Aluminiumblech Zinkblech Kupferblech Messingblech	bis 2 mm bis 2 mm bis 2,5 mm bis 1,5 mm	scharfkantig ($r \leqq 0{,}5\,s$)	ES 4 ES 5	SS 4 SS 5	NPU CRM Bora Spez.
Weiches Stahlblech (Stanzblech) Härteres Stahlblech (K_s 3000 bis 5000 kg/cm²)	bis 1,5 mm bis 1 mm	stumpfkantig ($r \geqq 0{,}5\,s$)	ES 3—5	SS 3—5	TOS CRM Bora Spez.
				10 000 bis 50 000 Stck.	
Aluminiumblech Zinkblech Kupferblech Messingblech	bis 4 mm bis 3,5 mm bis 4,5 mm bis 2,5 mm	scharfkantig ($r \leqq 0{,}8\,s$)	ES 4 ES 5	SS 4 SS 5	NPU CRM Bora Spez.
Weiches Stahlblech (Stanzblech) Härteres Stahlblech (K_s 3000 bis 5000 kg/cm²)	bis 2,5 mm bis 2 mm	stumpfkantig ($r \geqq 0{,}8\,s$)	ES 3—5	SS 3—5	TOS CRM Bora Spez.
				10 000 bis 30 000 Stck.	
Aluminiumblech Zinkblech Kupferblech Messingblech	über 4 mm über 3,5 mm über 4,5 mm über 2,5 mm	scharfkantig ($r \leqq 1{,}0\,s$)	SS 4 SS 5	SS 4 Durax H	NPU Bora Spez.
Weiches Stahlblech (Stanzblech) Härteres Stahlblech (K_s 3000 bis 5000 kg/cm²)	über 2,5 mm über 2 mm	stumpfkantig ($r \geqq 1{,}0\,s$)	SS 4 SS 5	SS 4 CRM Bora Spez.	NPU Diamant 5 Bora Spez.

Tabelle XVIII b. Behandlung der Werkzeugstähle zu Tabelle XVII b (DEW).

Stahlmarke	Anlieferungszustand, geglüht		Schmiede-temperatur	Glüh-temperatur	Härte-temperatur	Abschreck-mittel	Mittlere Abschreck-härte Rockwell C-Teilung	Anlaßfarbe	Gebräuchlichste Anlaßhärte Rockwell C-Teilung
	mittlere Brinell-härte B_H	mittlere Festigkeit errechnet aus Brinellhärte kg/mm²	°C	°C	°C**				
Bora Spezial	240	85	1000 bis 850*	800 bis 830	900 bis 950	Öl	63	gelb bis violett	60 bis 63
CRM	195	70	1000 „ 800*	710 „ 730	780 „ 820	Öl	64	gelb bis violett	59 „ 63
Diamant 5 .	245	88	950 „ 850	730 „ 750	800 „ 820	Wasser	66	gelb bis braun oder Auskochen bei 120 bis 170° C	63 „ 65
TOS	185	66	950 „ 800	700 „ 720	770 „ 790	Wasser	65	gelb bis braunviolett	60 „ 64
NPU	170	61	950 „ 800	700 „ 720	790 „ 820	Wasser	65	gelb bis braunviolett	60 „ 64
SS 3, ES 3 .	190	68	1000 „ 800	700 „ 720	770 „ 790	Wasser	65	gelb bis braunviolett	60 „ 64
SS 4, ES 4 .	180	65	1000 „ 750	700 „ 720	780 „ 800	Wasser	65	gelb bis braunviolett	60 „ 64
SS 5, ES 5 .	170	61	1000 „ 750	680 „ 700	790 „ 810	Wasser	65	gelb bis braunviolett	60 „ 64
Durax H . .	210	75	1050 „ 850	730 „ 750	820 „ 850	Öl	60	gelb bis braun	57 „ 59

* Abkühlen muß in Asche, Sand oder Grube erfolgen. ** Obere Temperaturgrenze: starke Stücke; untere Temperaturgrenze: schwache Stücke.

schläge und Auswerfer wählt man nicht aus weichem Stahl, sondern sieht auch hierfür zweckmäßig St 42 · 11, besser St 50 · 11 vor.

Über die Wahl der höchst beanspruchten Werkzeugteile können ganz allgemein nicht bestimmte Werkstoffmarken empfohlen werden. Dies richtet sich vielmehr nach der Arbeit, welche das Werkzeug zu verrichten hat. Bei leicht verformbaren Werkstoffen dünner Werkstoffstärke und geringer Herstellungsmenge können Stähle minderer Güte Anwendung finden. Man kann sogar bei sehr wenig Stücken und geringer Beanspruchung für Schnitte und Drückwerkzeuge bis zum St 50 · 11 heruntergehen[1]). Jedoch wird bei nur wenig größerer Herstellungsmenge der Verschleiß ein so großer, daß die Sparsamkeit an der Wahl des Werkstoffes durch neues Vorrichten der Werkzeuge aufgehoben wird. Besonders in der Mengenfertigung und bei hoher Beanspruchung ist ein guter Werkzeugstahl trotz seines höheren Preises stets zu empfehlen.

Da es für den Werkzeugbauer und den Werkzeugkonstrukteur unmöglich ist, die chemische Analyse des Stahles vorzuschreiben und den Werkstoff daraufhin zu untersuchen — ganz abgesehen davon, daß die richtige Zusammensetzung der Edelstähle nur den wenigsten bekannt und größtenteils nicht Ge-

[1]) Goehre empfiehlt in seinem Buch: Schnitte und Stanzen (Leipzig und Berlin 1927) die Verwendung von extra zähhartem Stahl in Naturhärte für Schnittwerkzeuge zur Papier- und Kartonagenindustrie.

Tabelle XVIIc. Werkzeugstahl für Biegegesenke (Krupp).

Werkstoff	Werkstoffstärke *s* mm	Anzahl der Biegungen: geringere Herstellungsmenge	Anzahl der Biegungen: Herstellungsmenge von	Anzahl der Biegungen: Sehr große Herstellungsmengen
			20000 bis 100000 Stck.	
Aluminiumblech	bis 2	HM 3	HM 4	HM 4
Zinkblech	bis 2	HM 5	HM 3	ED 1824
Kupferblech	bis 2,5			
Messingblech	bis 1,5			
Weiches Stahlblech (Stanzblech)	bis 1,5	HM 3	HM 3	HM 4
		HM 5	HM 5	ED 1824
Härteres Stahlblech (K_z 3000 bis 5000 kg/cm^2)	bis 1			
			10000 bis 50000 Stck.	
Aluminiumblech	bis 4	HM 3		DF 168 C
Zinkblech	bis 3,5	HM 5	HM 4	ED 1824
Kupferblech	bis 4,5			
Messingblech	bis 2,5			
Weiches Stahlblech (Stanzblech)	bis 2,5	HM 3	HM 4	HM 4
		HM 5		ED 1824
Härteres Stahlblech (K_z 3000 bis 5000 kg/cm^2)	bis 2			
			10000 bis 30000 Stck.	
Aluminiumblech	über 4			
Zinkblech	über 3,5			
Kupferblech	über 4,5		DF 168	DF 168
Messingblech	über 2,5	HM 4	DFG	DFG
			HM 4	
Weiches Stahlblech (Stanzblech)	über 2,5	HM 4	HM 4	DFG
				HM 4
Härteres Stahlblech (K_z 3000 bis 5000 kg/cm^2)	über 2			

meingut der Öffentlichkeit sein dürfte —, so steht als richtigster Weg der offen, die Markenbezeichnungen der bekanntesten Edelstahlwerke anzuführen, um den für den jeweiligen Zweck geeigneten Werkstoff zu empfehlen. Diese in den vorliegenden Tabellen XV bis XX[1]) angegebenen Stahlmarken brauchen nicht unbedingt eingehalten werden. Besonders kleineren Firmen wird es nicht möglich sein, für ihre verschiedensten Zwecke 10 oder noch mehr Sorten Stahl in allen vorkommenden Abmessungen vorrätig zu halten. Solche Betriebe werden sich zweckmäßig an eine Standardmarke halten. In besonderen Fällen wird man sich diese oder jene Sorte für evtl. eintretenden Bedarf hinlegen. Auch in dieser Beziehung geben die folgenden Tabellen eine gute

[1]) Die Stahlmarken der Werke Böhler, Deutsche Edelstahlwerke (DEW) und Krupp sind gemäß der alphabetischen Reihenfolge in den Tabellen XV bis XX durch die Indizes a, b und c voneinander unterschiedlich gekennzeichnet.

Tabelle XVIII c. Behandlung der Werkzeugstähle zu Tabelle XVII c (Krupp).

Stahlmarke	Anlieferungszustand geglüht: Brinellhärte B_H kg/mm²	Anlieferungszustand geglüht: Festigkeit kg/mm²	Schmiedetemperatur °C	Glühtemperatur °C	Härtetemperatur °C	Abschreckmittel	Mittlere Abschreckhärte Rockwell C	Anlaßfarbe Anlaßtemperatur Härte Rockwell C	Gebräuchlichste Anlaßhärte Rockwell C
HM 3 . . .	<190	<70	1000 bis 800	720 bis 750	760 bis 780	Wasser	65	hellgelb bis braungelb 200 ,, 250 64 ,, 60	64 bis 65
HM 4 . . .	<190	<70	1000 ,, 800	720 ,, 750	760 ,, 780	Wasser	65	hellgelb bis braungelb 200 ,, 250 64 ,, 60	64 ,, 65
HM 5 . . .	<190	<70	1050 ,, 800	720 ,, 750	770 ,, 790	Wasser	65	hellgelb bis braungelb 200 ,, 250 64 ,, 60	64 ,, 65
DFG	<285	<100	1000 ,, 850	700 ,, 720	760 ,, 780	Wasser	66	hellgelb bis braungelb 120 ,, 200 66 ,, 61	62 ,, 64
DF 168 C . .	<230	<80	1100 ,, 900	850 ,, 880	950 ,, 980 oder 930 ,, 950	Luft Öl	64	hellgelb bis braungelb 200 ,, 250 62 ,, 59	62 ,, 64
ED 1824 . .	<200	<70	1050 ,, 850	750 ,, 780	810 ,, 840	Wasser	65	hellgelb bis blau 200 ,, 300 62 ,, 56	60 ,, 62

Übersicht, welche Stähle für den jeweiligen Bedarf in Frage kommen. Werkstätten, die beispielsweise nur feine Stanzarbeiten an dünnem Material vornehmen, wie z. B. Radioapparatefabriken, werden mit einer beschränkten Anzahl von Stählen vollständig auskommen. Dasselbe gilt für Werke der Eisenkonstruktionsbranche, wo grobe Locharbeiten an Trägern vorgenommen werden. Die Angaben der Tabellen über Blechstärken, Herstellungsmengen usw. sind annähernde Grenzwerte, wie sie sich aus der Praxis ergeben haben. Selbstverständlich ist es möglich, daß man mit einem Blech minderer Härte erheblich mehr Schnitte bzw. Biegungen bzw. Prägungen erzielt, als dies hier angegeben ist. Die Dauerhaftigkeit des Werkzeuges wird vor allen Dingen durch sorgfältige Bearbeitung und Werkstoffbehandlung, also richtiges Härten, Anlassen usw., sowie durch sachgemäßes Einstellen unter der Presse in erster Linie bedingt. Auch der teuerste Stahl ist, wenn er falsch behandelt wird, unbrauchbar und wird nur kurze Lebensdauer aufweisen. Doch sind die in den Tabellen angegebenen Werte keine Höchstwerte, sondern eher Mindestwerte. Man wird bei richtiger Behandlung in den meisten Fällen eine viel größere Lebensdauer erzielen, als hier angegeben ist. Die Zeit bis zum üblichen Nachschleifen wird nicht als Lebensdauer gewertet.

Tabelle XIXa. Werkzeugstähte für Prägewerkzeuge[1]) (Böhler).

Art der Prägearbeit	Beanspruchung (und Profil)	Geringe Herstellungsmenge	Größere Herstellungsmenge
Hohlprägung (z. B. Messerschalen)	klein (flaches Profil)	Böhler mittelhart „ weich	Böhler Spezial KN „ Extrazähhart „ WON
	groß (tiefes Profil)	Böhler mittelhart „ weich	Böhler Spezial KN „ NBS „ NBSN „ Extrazähhart „ WON
Massivprägung (z. B. Münzen, (Plaketten)	klein (flaches Profil)	Böhler Extrazähhart „ zäh „ weich	Böhler Spezial KN „ NBS „ WBSN „ K 100/1 „ Extrazähhart „ WON
	groß (tiefes Profil)	Böhler Extrazähhart	Böhler Spezial KN „ NBS „ NBSN „ WON „ Extrazähhart

Zu den einzelnen Tabellen für die Wahl des Werkstoffes gehört je eine Werkstofftabelle, in der die den jeweiligen Stahlmarken entsprechenden Festigkeitswerte, Schmiede-, Glüh-, Härte- und Anlaßtemperaturen sowie das Härtemittel angegeben sind. Nachdem man der jeweiligen Aufgabe entsprechend einen Stahl gewählt hat, wird man aus der ergänzenden Tabelle die Eigenschaften dieses Stahles entnehmen können. Auf diese Art und Weise wird man stets den richtigen Werkstoff finden, seine Behandlung vorschreiben und überwachen können und wird niemals in bezug auf die Wahl des Werkstoffes einen Mißerfolg zu verzeichnen haben. Man wird auch bei der Wahl des Werkstoffes nicht den teuersten, sondern den geeignetsten wählen und den teuersten nur dort, wo die Beanspruchung so hoch ist und von der Lebensdauer des Werkzeuges derartiges gefordert wird, daß dies ein anderer Stahl doch nicht erfüllen würde. Gerade im Schnitt- und Stanzenbau überwiegt der Lohnanteil erheblich die Materialkosten.

Sind die Formen der Schnitte, Stempel oder Matrizen empfindlich und besonders gegen Verzug zu schützen, so ziehe man Ölhärter vor. Diese weisen gegenüber Wasserhärtern auch einen geringeren Härteausschuß auf. Andererseits kann aber ein Wasserhärter mindestens die gleiche Gebrauchsdauer, wenn nicht eine noch höhere erreichen. In den Fällen, wo die Schnittplatte auf der Grundplatte nicht allseitig aufruht, also stark auf Biegung

[1]) Da der Schnittbauer auch mit der Herstellung von Prägewerkzeugen betraut wird, so konnte auf diese Tabelle nicht verzichtet werden. Infolge der gestellten Aufgabe und des beschränkten Raumes werden konstruktive Ausführungsbeispiele hier nicht gegeben, dafür seien einige Literaturnachweise empfohlen: Die Herstellung von Kupfermünzen wird in der Werkst.-Techn. 1927 Heft 11 S. 331 Abb. 1 eingehend beschrieben. — Über die Herstellung von Eßbestecken wird u. a. berichtet: Kurrein: Werkzeuge und Arbeitsverfahren der Pressen (Berlin 1927) S. 373. — Schubert: Stanz-, Zieh- und Prägetechnik (Leipzig 1931) S. 111. — Ein Schnittprägewerkzeug für Flaschenverschlüsse ist in der Werkst.-Techn. 1927 Heft 11 S. 333 Abb. 10 angegeben.

Tabelle XXa. Behandlung der Werkzeugstähle zu Tabelle XIXa (Böhler).

Stahlmarke	Anlieferungszustand, geglüht		Schmiede-temperatur	Glüh-temperatur	Härte-temperatur	Abschreck-mittel	Mittlere Abschreck-härte, Rockwell C-Teilung	Anlaßfarbe Anlaßtemperatur in °C entsprechende Härte Rockwell C-Teilung	Gebräuch-lichste Anlaßhärte, Rockwell C-Teilung
	mittlere Brinell-härte B_H kg/mm²	mittlere Festigkeit kg/mm²	° C	° C	° C				
Böhler Spezial KN . .	230	80	1000 bis 850	780 bis 800	StarkeStücke 900 bis 950 schwache Stücke 850 bis 900	Öl an der unteren, Luft oder Preßluft an der oberen Grenze	64	gelb bis purpur 220 „ 260 62 „ 60	64 bis 62
„ NBS	220	75	1000 „ 900	660 „ 700	820 „ 840	Gebläse- oder milde Preßluft	60	gelb bis violett 220 „ 280 57 „ 54	57 „ 64
„ NBSN	220	75	950 „ 850	650 „ 680	800 „ 830	Öl	60	gelb bis violett 220 „ 280 56 „ 53	56 „ 53
„ K 100/1 . . .	185	65	950 „ 850	720 „ 730	800 „ 820	Wasser	65	gelb 220 63	64 „ 62
„ WON	185	65	1000 „ 850	680 „ 710	820 „ 860	Wasser, kleine und mittlere Stücke an der unteren, große an der oberen Grenze	65	braun bis purpur 240 „ 260 63 „ 60	60 „ 58
„ Extrazähhart .	175	63	950 „ 850	690 „ 700	780 „ 800	Wasser	65	hellgelb bis blau 200 „ 300 64 „ 60	64 „ 62
„ mittelhart . . .	175	63	950 „ 850	690 „ 700	780 „ 800	Wasser	65	hellgelb bis blau 200 „ 300 64 „ 60	64 „ 62
„ zäh	175	63	950 „ 850	670 „ 680	800 „ 820	Wasser	65	hellgelb bis blau 200 „ 300 64 „ 60	63 „ 64
„ weich	175	63	1000 „ 850	670 „ 680	820 „ 840	Wasser	64	hellgelb bis blau 200 „ 300 62 „ 60	62 „ 60

Tabelle XIXb. Werkzeugstähle für Prägewerkzeuge (DEW).

Art der Prägearbeit	Profil	Geringe Herstellungsmenge	Größere Herstellungsmenge
Hohlprägung (z. B. Messerschalen, Zigarettenetuis, Puderdosen)	flaches Profil	DMW	SS 4
	tiefes Profil	DMW	SS 4 PSP
Massivprägung (z. B. Münzen Plaketten)	flaches Profil	SS 4	PSP CRS
Halbmassivprägung (z. B. Fingerringe)	tiefes Profil	NPU	CNK 2

Tabelle XXb. Behandlung der Werkzeugstähle zu Tabelle XIXb (DEW).

Stahlmarke	Anlieferungszustand geglüht		Schmiede-temperatur	Glüh-temperatur	Härte-temperatur	Abschreck-mittel	Mittlere Abschreck-härte Rockwell C-Teilung	Anlaßfarbe [1])	Gebräuchlichste Anlaßhärte Rockwell C-Teilung
	mittlere Brinell-härte B_H	mittlere Festigkeit errechnet nach Brinellhärte kg/mm²	°C	°C	°C				
CNK 2 . .	235	84	1050 bis 850 [2])	620 bis 650	840 bis 870 [3])	Gebläse oder Öl	58	gelb bis braun	54 bis 57
PSP . . .	220	80	1000 ,, 850 [2])	620 ,, 650	800 ,, 830 [3])	Öl	60	hellgelb bis gelb	58 ,, 60
CRS . . .	180	65	1000 ,, 850	710 ,, 730	780 ,, 820	Wasser	65	gelb bis braun	62 ,, 65
NPU . . .	170	61	950 ,, 800	700 ,, 720	790 ,, 820	Wasser	65	hellgelb bis braun	62 ,, 65
SS 4 . . .	180	65	1000 ,, 750	700 ,, 720	780 ,, 800	Wasser	65	hellgelb bis braun	62 ,, 65
DMW . .	180	65	1050 ,, 850	680 ,, 700	800 ,, 820	Wasser	63	gelb	62

[1]) Für sämtliche Qualitäten kommt auch ein Auskochen bei 180 bis 220° im Ölbad in Frage.
[2]) Abkühlen muß in Asche, Sand oder Grube erfolgen. [3]) Aus aufkohlender Packung.

Tabelle XIX c. Werkzeugstähle für Prägewerkzeuge (Krupp).

Art der Prägearbeit	Beanspruchung (und Profil)	Geringe Herstellungsmenge	Größere Herstellungsmenge
Hohlprägung (z. B. Messerschalen)	klein (flaches Profil)	BS 3 BS 6	DF 168 C HM 4 ED 1824
	groß (tiefes Profil)	BS 3 BS 6	DF 168 EFWP HM 4
Massivprägung (z. B. Münzen, Plaketten)	klein (flaches Profil)	HM 4 BS 5 BS 6	DF 168 EFWP F 193 HM 4 BDF Extra
	groß (tiefes Profil)	HM 4	DF 168 EFWP BDF Extra HM 4

beansprucht wird, erscheint ein Wasserhärter infolge seines zähen Kernes als vorteilhafter. Man wird bei der Auswahl des Stahles aus den folgenden Tabellen diesen Gesichtspunkten besonders Rechnung tragen müssen. Die Ölhärter sind dort an erster, die Wasserhärter an zweiter Stelle aufgeführt.

Für Messerschnitte, Roll- und Flachstanzen sind die in den Tabellen XV und XVII enthaltenen Hinweise nicht ohne weiteres zu übernehmen. Daher ist in den Stücklisten zu den Werkzeugblättern 16, 21 und 23 nicht auf diese Tabellen, sondern auf den zugehörigen Text verwiesen. Dort finden sich die Gesichtspunkte, nach denen die Auswahl des geeigneten Stahles vorzunehmen ist.

F. Die Vermeidung von Ausschuß in der Härterei[1]).

1. Verzogene Werkstücke.

Sehr feine Werkstücke sind ohne Verzug kaum zu härten, wenn man nicht den richtigen Stahl hierfür vorsieht. Die legierten Stähle — und unter diesen wiederum die Lufthärter — leisten im allgemeinen dem Verzug besseren Widerstand als die unlegierten[2]).

Während man sich bei der Härtung schwieriger Stücke aus Baustahl durch konstruktive Veränderungen meist helfen kann, ist dies bei Schnittwerkzeugen nicht immer möglich und insbesondere dort undurchführbar, wo die Herstellung eines ganz bestimmten Körpers verlangt wird und die

[1]) Siehe hierzu auch folgende Literaturangaben: Schiefer u. Grün: Lehrgang der Härtetechnik (Berlin 1927). — Simon: Härten und Vergüten (Werkstattbuch Heft 7, Berlin 1930). — Hofmann: Werkzeug- und Härtefragen im Werkzeugbau. Werkzeugmasch. 1928 Heft 7 S. 137. — Preger: Härten und Vergüten (Leipzig 1930). — Rapatz: Glühen, Härten und Vergüten von Edelstählen. Werkst.-Techn. 1924 Heft 21 S. 616. — Reiser-Rapatz: Das Härten des Stahles (Leipzig 1932).

[2]) Hierzu Tabellen XV und XVI.

Tabelle XXc. Behandlung der Werkzeugstähle zu Tabelle XIXc (Krupp).

Stahlmarke	Anlieferungszustand, geglüht		Schmiede-temperatur	Glüh-temperatur	Härte-temperatur	Ab-schreck-mittel	Mittlere Abschreck-härte	Anlaßfarbe Anlaßtemperatur Härte	Gebräuchlichste Anlaßhärte
	Brinell-härte B_H kg/mm²	Festigkeit kg/mm²	°C	°C	°C		Rockwell C	Rockwell C	Rockwell C
BS 3 . . .	<190	<70	1000 bis 800	720 bis 750	760 bis 780	Wasser	65	hellgelb bis braungelb 200 bis 250 64 ,, 60	64 bis 65
BS 5	<190	<70	1050 ,, 800	720 ,, 750	770 ,, 790	Wasser	65	hellgelb bis braungelb 200 bis 250 64 ,, 60	64 ,, 65
BS 6	<190	<70	1100 ,, 850	720 ,, 750	780 ,, 800	Wasser	65	hellgelb bis braungelb 200 bis 250 64 ,, 60	64 ,, 65
HM 4 . . .	<190	<70	1000 ,, 800	720 ,, 750	760 ,, 780	Wasser	65	hellgelb bis braungelb 200 bis 250 64 ,, 60	64 ,, 65
DF 168 C . .	<230	<80	1100 ,, 900	850 ,, 880	950 ,, 980 oder 930 bis 950	Luft Öl	64	hellgelb bis braungelb 200 bis 250 62 ,, 59	62 ,, 64
ED 1824 . .	<200	<70	1050 ,, 850	750 ,, 780	810 ,, 840	Wasser	65	hellgelb bis dunkelgelb 200 bis 240 60 ,, 62	60 ,, 62
EFWP . . .	<230	<80	1050 ,, 850	640 ,, 660	850 ,, 870 Besteckstanzen 850	Öl Luft	 60	hellgelb bis blau 200 bis 300 56 ,, 53	Stempel 60 bis 62 Besteckstanzen bis herunter zu 53 R. C.
F 193 . . .	<200	<70	1050 ,, 800	740 ,, 760	760 bis 780	Wasser	65	hellgelb bis braungelb 200 bis 250 64 ,, 60	64 bis 65
BDF Extra .	<220	<80	1080 ,, 850	750 ,, 780	850 ,, 870 hochbeanspruchte Werkzeuge gebrochene Härtung 830 bis 850	Öl Wasser/Öl	62 62	hellgelb bis blau 200 bis 300 60 ,, 55	58 ,, 60

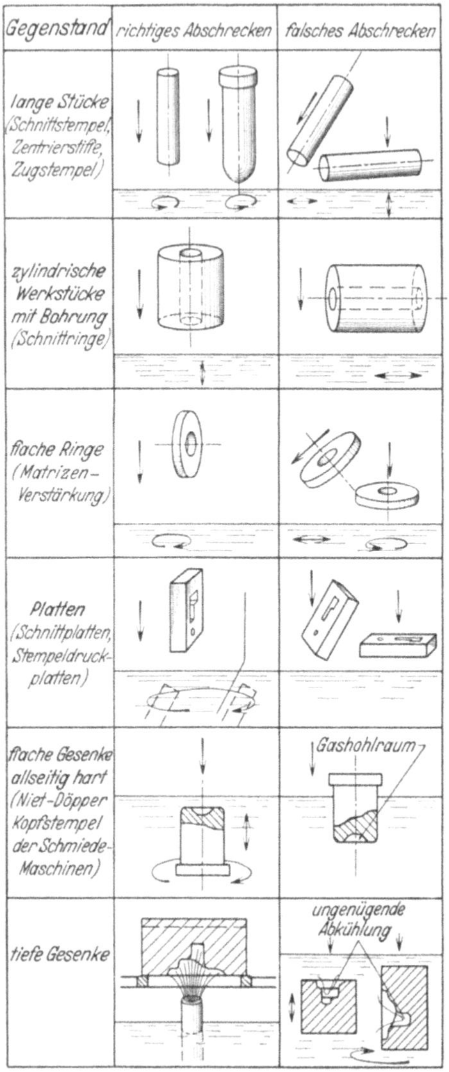

Abb. 31. Beispiele für richtiges und falsches Abschrecken.

Schnittplatte infolgedessen schwierig gestaltet werden muß, z. B. schwache Vorsprünge und lange schmale Einschnitte aufweist. In solchen Fällen darf die Schnittplatte nicht zu schwach gehalten werden[1]).

Häufiger als an der Auswahl des geeigneten Stahles liegt jedoch das Verziehen des Werkstückes an der Art des Abschreckens. Lange und dünne Werkzeuge, wie z. B. Schnittstempel, welche nur am schneidenden Ende besonders hart sein müssen, werden gemäß Abb. 31 senkrecht in das Abschreckmittel getaucht und in dieser senkrechten Haltung kreisförmig im Abschreckmittel bewegt. Das gleiche gilt auch von breiteren Stempeln. Scheibenförmige Werkzeuge, wie z. B. Verstählungsscheiben für Ziehmatrizen, werden nicht horizontal, sondern senkrecht nach unten in das Härtemittel gebracht und darin hin und her geschwenkt. Bei Nietdöppern kann man nicht mit dem Stempel zuerst senkrecht ins Wasser gehen, da sich sonst in der Döperaussparung Dampfhohlräume bilden. Man

---

[1]) Über den Verzug dünnwandiger Werkstücke beim Härten siehe Oehler und Kropf: Masch.-Bau 1930 Heft 24 S. 793 Abb. 1—10.

Tabelle XXI. Die Anwendung der verschiedenen Abschreckmittel.

	Abschreckmittel	Wirkung des Abschreckmittels	Art des Werkstoffes	Verwendung und Form der Werkzeuge	Größe des Werkstückes
1.	Angesäuertes Wasser	sehr schroff	reine Kohlenstoffstähle	harte Schmiedestücke für feine und ruhige Arbeit (Bohrer, Fräser, Reibahlen)	große Blöcke
2.	Kochsalzhaltiges Wasser	schroff			
3.	Reines Wasser (20°)	kräftig	reine Kohlenstoffstähle niedrig- und mittelhochlegierte Stähle	gewöhnliche Werkzeuge	große Blöcke mittelgroße Werkstücke
4.	Kalkwasser (Kalkmilch)	kräftig bis mild		gewöhnliche Werkzeuge schwierige, zerbrechliche Werkzeugformen und solche mit starker Querschnittsveränderung; lange Schneiden	mittelgroße Werkstücke
5.	Warmes Wasser (30 bis 40°)				
6.	Petroleum	weniger mild		schwierige, zerbrechliche Werkzeugformen und solche mit starker Querschnittsveränderung; lange Schneiden	
7.	Öl	mild	niedrig- und mittelhochlegierte Stähle Stahl mit 12% Cr (einige Chromnickelstähle) hochlegierte Stähle	kombinierte Härte (Wasser → Öl)	kleine Werkstücke (z. B. Matrizenplatte 100 × 50 × 20 mm)
8.	Fischtran			Werkzeuge schwieriger Form, mit großer Härte, z. B. Schnittplatten	
9.	Unschlitt (Talg)	milder	Stahl mit 12% Cr (einige Chromnickelstähle) hochlegierte Stähle		
10.	Luft	sehr mild		sehr schwierige Werkzeuge	sehr kleine Werkstücke (z. B. Stempel 2 mm ⌀)

wird hier vielmehr das Werkzeug rasch in der umgekehrten Richtung nach unten bewegen, so daß das Abschreckmittel seitlich hineinfließt. Das gleiche gilt von hohlen Gesenkkörpern[1]). Schnittplatten taucht man zunächst senkrecht ins Bad, hält sie dann etwas schräg und schwenkt sie kreisförmig hin und her. Ein anfängliches schräges Eintauchen ist auf jeden Fall falsch, trotzdem es in vielen Betrieben so gehandhabt wird.

In der Tabelle XXI ist die Übersicht über die verschiedenen Abschreckmittel und ihre Anwendung dargestellt, ohne Berücksichtigung des zu verwendenden Stahles. Selbstverständlich sind die dem jeweiligen Stahl zugeordneten Vorschriften zunächst zu beachten, da die Legierung, also die Stahlart, ausschlaggebend ist.

Verschiedene Werkstücke wird man nur in besonderen Fällen durch Richten wieder in Ordnung bringen oder nur dort, wo das Maß des Verzuges sehr gering ist[2]). Läßt sich ein Richten jedoch nicht bewerkstelligen, so hilft meist nur ein vorsichtiges Ausglühen dicht unter der Umwandlungstemperatur und nochmaliges richtiges Härten. Aus der Art des Verzuges kann man erkennen, an welcher Seite die Abkühlung zuerst stattgefunden hat. Dies ist in der Regel an der konvexen Seite der Fall. Dort bildet sich infolge der raschen Abkühlung Martensit in größerer Menge als an der weniger gut abgekühlten Seite. Aus dem Bruchaussehen kann man in solchen Fällen nicht viel ersehen.

2. Härterisse.

Auch hier ist der Wahl des Abschreckmittels besondere Beachtung zu schenken. Beim Auftreten derartiger Risse ist wahrscheinlich die Wirkung des Abschreckmittels zu schroff, es muß eine mildere Härtung angewandt werden. Treten die Härterisse nur an den Ansätzen vorspringender Teile auf, so wird man auch bei Wahl eines milderen Abschreckmittels nicht immer zum Ziel gelangen, da bei einer zu milden Wirkung, welche ein Auftreten von Härterissen ausschließt, der Härtegrad des Werkzeuges oft unzulässig herabgesetzt wird. In diesem Falle kann man sich dadurch helfen, indem man zunächst einmal das Werkstück durchgreifend auf wenige Grad unter der Umwandlungstemperatur längere Zeit erhitzt, dann rasch auf Härtetemperatur bringt und es sofort abschreckt. Durch starkes Anlassen ist die Sprödigkeit der Werkzeuge zu mildern.

Beim Einschlagen von Nummern oder anderen Bezeichnungen setze man den Schlagstempel keinesfalls auf eine hochbeanspruchte Stelle oder in Nähe einer Kante des Werkzeuges, da sonst Härterisse unvermeidlich sind[3]).

Härterisse sind selbstverständlich nicht identisch mit Schleifrissen oder mit solchen Rissen, welche für Warmgesenke typisch sind und ein mehr oder weniger gleichmäßiges Netzwerk bilden.

Gesprungene Schnittplatten lassen sich zuweilen wieder herstellen, indem man ihre senkrechten Eckenkanten mittels Schleifen etwas abrundet und rahmenförmige kräftige Stahlbandagen über dem Umfang der Schnitt-

---

[1]) Grossmann berichtet auf S. 48 des Buches: Spanlose Formung (ADB Bd. IV, Berlin 1926) eingehend über das Härten derartiger Gesenke.

[2]) Über das Richten derartiger Körper siehe Blum: Richten von gehärteten Reibahlen und ähnlichen Teilen. Werkst.-Techn. 1924 Heft 21 S. 619.

[3]) Über durch unvorsichtiges Stempeln herbeigeführte Schäden berichten: M. v. Schwarz in Techn. u. Kult. 1925 Heft 11. — O. Bauer in Mitt. dtsch. Mat.-Prüf.-Amt 1917 S. 194. — Reiser-Rapatz: Das Härten von Stahl (Leipzig 1932).

platte warm aufzieht. Auf diese Weise können gebrochene Schnittplatten noch eine verhältnismäßig lange Gebrauchsdauer dem Betrieb erhalten bleiben[1]).

3. Bildung von Rissen und Sprüngen kurze Zeit nach Inbetriebnahme des Werkzeuges.

Die Ursache hierzu ist seltener in einem zu scharfen Abschrecken als in einer Überhitzung des Werkzeuges zu suchen. Die Härtetemperatur war zu hoch. Man erkennt die Überhitzung durch das Bruchaussehen. Der Bruch ist grobkörnig und glänzend.

In der Abb. 32 bis 34 ist für verschiedene Stähle, wie sie in den Tabellen XV bis XX teilweise angegeben sind, das Bruchaussehen dargestellt, und zwar im rohen, im geglühten, im gehärteten und im überhitzten Zustand. Abb. 32 zeigt einen Wasserhärter von besonders zäher Eigenschaft und einer Brinellhärte $B_H = 175$ kg/mm^2 im Anlieferungszustand. Abb. 33 gibt das Gefüge eines Ölhärters und Abb. 34 dasjenige eines Lufthärters, beide eines B_H-Wertes von 220 kg/mm^2 im Anlieferungszustand, an. Auf Grund dieser Abbildungen läßt sich ziemlich gut bestimmen, inwieweit Härtefehler und Bildung von Rissen und Sprüngen auf ein Überhitzen zurückgeführt werden können oder nicht.

An sehr weit überhitzten Werkzeugen ist in der Regel nichts mehr zu retten. Lassen sich die Werkzeuge überschmieden, was z. B. bei Schnittstempeln oft, bei Schnittplatten hingegen selten möglich ist, so wird man nach wiederholter Bearbeitung und vorsichtigem kurzem Ausglühen den Stahl nochmals härten können. Bei geringer Überhitzung wiederholt man die Härtung nochmals bei der richtigen Härtetemperatur.

An der Glühfarbe des Werkstückes läßt sich die Temperatur annähernd abschätzen. Hierzu diene folgende Aufstellung:

Tabelle XXII. Glühfarben.

Glühfarbe	°C	Glühfarbe	°C
Dunkelbraun	530—580	Hellrot	830— 900
Braunrot	580—650	Gelbrot	900—1050
Dunkelrot	650—730	Dunkelgelb	1050—1150
Dunkelkirschrot	730—770	Hellgelb	1150—1250
Kirschrot	770—800	Weiß	über 1250
Hellkirschrot	800—830		

Bei Anwendung von Temperaturmeßgeräten wird der durch falsche Härtetemperatur bedingte Ausschuß wesentlich herabgesetzt.

4. Geringe Härte.

Bei zu geringer Härte, welche man durch Greifen der Feile feststellt, wird man das Härten nach vorherigem Ausglühen bei der richtigen Temperatur wiederholen.

[1]) Im Aufsatz von Göhre: Härten von Stanzerei-Werkzeugen (Masch.-Bau 1934 Heft 11/12 S. 313) werden verschiedene Schnittplatten gezeigt, die beim Härten durchgehende Risse erhalten haben, aber trotzdem mittels warm aufgezogener Stahlbandagen gebrauchsfähig sind.

a) Roh | b) Geglüht | c) Gehärtet | d) Überhitzt

Abb. 32 a bis d.

Abb. 33 a bis d.

Abb. 34 a bis d.

Abb. 32—34. Bruchaussehen von Stählen im rohen, geglühten, richtig gehärteten und überhitzten Zustand

Häufig wird der Fehler gemacht, daß man bei schlecht gehärteten Schnittwerkzeugen, welche bald stumpf werden, die Schärfung durch Schleifen zu erreichen sucht, anstatt das Stück nochmals frisch zu härten. Es ist deshalb bei neuen Werkzeugen darauf zu achten, ob die Schnitte stehenbleiben oder sie bereits nach den ersten Schnitten anfangen sich umzulegen. Man kann dann noch rechtzeitig durch Nachhärtung das Werkzeug retten. Es ist aber ausgeschlossen, ein gehärtetes Werkzeug zu erhalten, nachdem man bereits längere Zeit mit ihm stumpf geschnitten hat. Ganz abgesehen davon, daß der Kraftbedarf der Bearbeitungsmaschine außerordentlich gesteigert wird, die Maschine daher leidet und auch die herzustellenden Werkstücke ein schlechtes Aussehen bekommen, wird durch den schlechten Schnittvorgang das Gefüge des Werkzeuges in Nähe der stumpfen Schnittkante stark gequetscht. Die Gefügebildung derartiger Stücke zeigt deutlich die bis ins Innere greifende Zerstörung des Stahles[1]).

5. Scheinbar ungenügende Härte.

Häufig findet man bei gehärteten Stücken, daß diese scheinbar weich sind, was man durch Anfeilen feststellen kann. Bei weiterem Feilen stößt man jedoch auf eine erheblich härtere Schicht. Diese Eigenschaften liegen dann vor, wenn das Werkstück während der Erwärmung nicht genügend gegen Entkohlung der Oberfläche geschützt wurde. Sehr oft ist dies eine Frage der Ofenbauart. Eine Entkohlung der Oberfläche tritt vor allen Dingen bei Luftzutritt während der Erhitzung ein. Es ist deshalb darauf zu achten, daß die Ofentüren bzw. Schieber nie unnötig offenstehen und gut schließen. Einer Entkohlung kann man selbstverständlich durch Einpacken in mit Kohlenstaub (Elektrokohle) gefüllten Kästen zuvorkommen. Einfacher ist es jedoch, einer Entkohlung durch guten Luftabschluß und möglichst raches Erhitzen vorzubeugen.

Man kann derartige gehärtete Teile[2]) nach Entfernung der entkohlten Schicht durch vorsichtiges Abschleifen wieder brauchbar machen. Ist dies nicht möglich oder ist die Entkohlung sehr tief eingedrungen, so hilft nur Ausglühen, Nacharbeiten und nochmaliges Härten des Werkzeuges. Nach Möglichkeit ist der Stahl zuvor zu überschmieden, was jedoch eine Wiederholung der Bearbeitung bedingt. Im Bruchaussehen sind Werkstücke scheinbar ungenügender Härte je nach dem Grade der Entkohlung mit einem stärkeren oder schwächeren Rand versehen, welcher stark glänzend ist und unter welchem das der Härtung entsprechende Korn sichtbar wird.

6. Unterschiedlicher Härtegrad.

Es kommt häufig vor, daß ein und dasselbe Stück an verschiedenen Stellen unterschiedlich hart[3]) ist. Die Ursache hierzu ist in der Regel ein zu mildes Abschreckmittel. Man wird nämlich finden, daß die Härte der

---

[1]) Eine Abbildung hierzu bringt Rapatz: Die Edelstähle (Berlin 1925) S. 162 Abb. 69. Siehe ferner Preuss-Berndt-v. Schwarz: Die praktische Nutzanwendung der Prüfung des Eisens durch Ätzverfahren und mit Hilfe des Mikroskopes (Berlin 1927) S. 152—153 Abb. 166—168 (Verzerrung der Kristalle durch den Schervorgang).

[2]) In Brearley-Schäfer: Die Werkzeugstähle und ihre Wärmebehandlung (Berlin 1922), ist auf S. 73 Abb. 70 ein derartig mangelhaft gehärtetes Werkzeug mit sog. Lippenbildung an der Schneide angegeben.

[3]) Über die beim teilweisen Härten von Stanz- und Ziehwerkzeugen auftretenden Schwierigkeiten berichtet Koch in Werkstatt u. Betrieb 1935 auf S. 281.

vorspringenden Teile, vor allen Dingen der Ecken, genügt, hingegen an größeren Querschnitten und Flächen das Werkstück noch ziemlich weich ist und die Feile dort gut angreifen kann. Man glühe vorsichtig das Stück aus und härte es nochmals unter Verwendung eines kräftigeren Abschreckmittels. Hierbei sind vor allen Dingen die Regeln zu beachten, welche unter Abb. 31 gezeigt wurden. Man prüfe, ob nicht die weichen Stellen sich daraus erklären, daß zu ihnen die Wirkung des Abschreckmittels beim Eintauchen nicht rasch genug vordringen konnte. Evtl. helfe man sich durch eine Anordnung von Spritzdüsen innerhalb des Bades, um diejenigen Stellen, welche bisher keine Härte annahmen, möglichst rasch und intensiv abzukühlen. Eine weitere Ursache hierzu kann in der zu kleinen Bemessung des Abschreckbades liegen. Ist das Bad zu klein, so wird sich beim Härten dasselbe erwärmen, und die Wirkung wird infolgedessen mit der steigenden Erwärmung des Abschreckmittels erheblich milder. Bei der Anordnung eines größeren Behälters wird dann dieser Nachteil sich bald beheben lassen. Dies ist besonders für die Massenherstellung von zu härtenden Teilen von Bedeutung. Bei der Einzelherstellung kleinerer Werkzeuge wird man diesem Umstande nicht allzu große Bedeutung beimessen. Eine Mindestgröße des Bades ist selbstverständlich auch dort erforderlich. Man wähle dasselbe möglichst nicht unter 200 l Inhalt!

Bei Härten an der Luft ist für ein gleichmäßiges Umspülen des Gebläsewindes zu sorgen. Man beachte hierbei, daß die Düsen nicht allzu nahe gegen das Werkstück gerichtet sind, sondern dieses vielmehr umblasen wird. Wenn nämlich die Düse zu kurz vor dem zu härtenden Stück aufgestellt ist und senkrecht zu dessen Oberfläche bläst, so prallt die Luft zurück, und es erfolgt nur an der unmittelbar getroffenen Stelle eine Härtung. Infolgedessen entstehen Spannungen, und die Härte ist ungleichmäßig. Es empfiehlt sich, bei Lufthärtung auf jeden Fall mehrere Düsen vorzusehen, welche einzeln mittels Hähnen abstellbar sind und deren Windstärke regulierbar ist. Diese Hähne sind am besten an starke, mit Metallspirale geschützte Preßluftschläuche anzuschließen und an Hilfsgestellen verschiebbar anzuordnen, so daß sie in jeder beliebigen Höhe und Neigung gegen das Werkstück gerichtet werden können[1]).

Teilweise wird jedoch eine unterschiedliche Härte gewünscht, was durch die Beschränkung des Abschreckvorganges auf die zu härtenden Flächen herbeigeführt und an den beiden folgenden Beispielen dargestellt wird.

Das Härten von Matrizenbüchsen geschieht häufig derart, indem man über den Trog *a* zwei rechteckige Leisten *b* derart legt, daß das Werkstück mit der Zange bequem aufgelegt werden kann. Auf dieses Werkstück setze man rasch einen Trichter *c* bzw. eine konische Blechhülse, die am unteren Ende ein Stück Asbestpappe *d* trägt. Diese Pappe ist vorher gelocht und nach außen umgestülpt, wie dies aus der Abb. 35 deutlich hervorgeht.

Man kann derartige starke Lochmatrizen oder auch Ziehringe über der Brause härten. Dann wird im Gegensatz zu Abb. 35 das Werkstück mit der zu härtenden Seite nach unten aufgelegt. Zu beachten ist, daß das durch die Ringbohrung hindurch gespritzte Wasser nicht beim Zurückfallen auf das Werkstück fällt und an unerwünschter Stelle eine Härtung

---

[1]) Ein Lufthärte-Apparat für Schnellstähle ist in dem Lehrgang der Härtetechnik (J. Schiefer u. E. Grün) (Verlag Julius Springer, Berlin 1927, 3. Aufl.) auf S. 111 in Abb. 101 dargestellt. Die gleiche Abbildung befindet sich in dem Buch von Brearley-Schäfer: Die Werkzeugstähle (Berlin 1922) auf S. 275 Abb. 205.

herbeiführt. Es ist daher der obere, der Brause abgekehrte Teil mittels eines Asbestringes abzudecken und darüber eine durchbrochene trichterförmige Blechhaube derart aufzusetzen, daß das durchgespritzte Wasser bzw. Abschreckmittel an dem äußeren Umfang jener Haube in den Trog ablaufen kann, ohne das Werkstück dabei zu berühren[1]).

Ein anderes Beispiel zeigt Abb. 36. Dort ist eine Vorrichtung angegeben zum Härten ringförmiger Schnittstempel, wie sie bei Schnittzügen in Frage kommen, die also nur an der äußeren Schnittkante *S* hart sein sollen. Zu

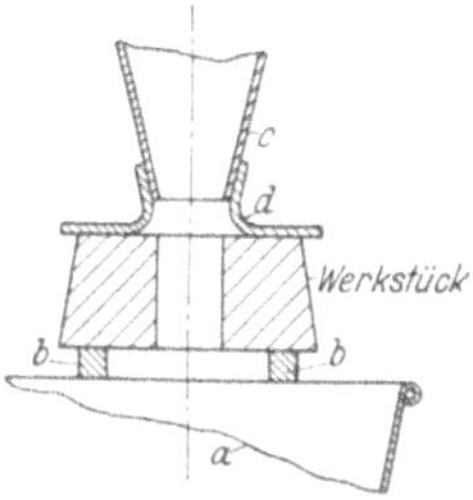

Abb. 35. Abschrecken einer Matrizenbüchse für Schnittplatten.

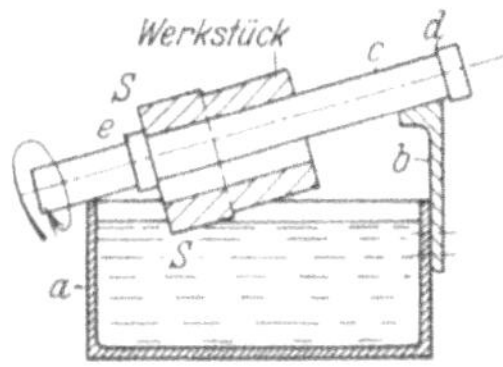

Abb. 36. Abschrecken eines ringförmigen Schnittstempels.

diesem Zweck versieht man die eine Seite des Troges *a* mit einer Leiste *b*, auf deren oberer Kante und auf der gegenüberliegenden Oberkante des Troges ein Stück Rundmaterial, z. B. eine kurze Welle, durch Hinundherschieben mittels aufgelegter Hand hin und her gerollt werden kann. Gegen seitliches Heruntergleiten ist die Welle *c* durch den Ring *d* gesichert. Das Werkstück liegt am Ring *e* an. Größere Schnittringe bedingen selbstverständlich auch eine dem Umfang entsprechend größere Länge des Troges, da sonst eine einwandfreie Härtung nicht gewährleistet werden kann.

7. Schalenförmiges Abspringen an Ecken und vorspringenden Teilen.

Das Abspringen geschieht bei massiven Körpern meist an den Ecken und ist auf eine zu rasche und ungleichmäßige Erwärmung oder auch auf unrichtiges Eintauchen zurückzuführen[2]). Man verlangsame deshalb die Erwärmung und wende das Werkstück innerhalb der Muffel häufig. Man lasse es auch nie an einem einzigen Flecke stehen, sondern verschiebe es mittels Drahthaken möglichst unter teilweisem Schließen der Ofentür.

Durch Ausglühen und nochmaliges richtiges Härten sind ungleichmäßig gehärtete Werkstücke meist zu retten, soweit noch keine Rißbildung eingetreten ist. Im Bruchaussehen zeigen diese Werkstücke stellenweise ungehärtetes, richtig gehärtetes oder überhitztes Korn. Die Überhitzung wird vor allen Dingen an den vorspringenden Kanten und Ecken zu finden sein.

---

[1]) Ein Ausführungsbeispiel hierfür ist im Handbuch der Ziehtechnik von Sellin (Berlin 1934 S. 285) angegeben.

[2]) Siehe hierzu auch Brearley-Schäfer: Die Werkzeugstähle und ihre Wärmebehandlung (Berlin 1922) Abb. 97 S. 115: Ringförmiger Bruch an einem Rundstempel; Abb. 98 S. 115: Abgesprungene Ecken an einer Prägeform. — Reiser-Rapatz: Das Härten des Stahles (Leipzig 1932).

Durch gleichmäßiges Anlassen, d. h. durchgreifendes Erwärmen der gehärteten Stücke bis zur Anlaßtemperatur wird weiterhin dem Abspringen von Ecken vorgebeugt. Das Anlassen im heißen Sand kann nur bei sehr kleinen Teilen befriedigen. Auf Anlaßtemperatur erwärmte Ölbäder werden seitens der Praxis insbesondere für Schnittwerkzeuge am meisten empfohlen.

Die Anlaßfarben, welche durch das bunte Anlaufen des Werkstückes sichtbar werden, lassen die Anlaßtemperatur gemäß folgender Aufstellung schätzungsweise bestimmen:

Tabelle XXIII. Anlaßfarben.

Anlaßfarbe	° C	Anlaßfarbe	° C
Hellgelb	220	Violett	285
Dunkelgelb	240	Kornblumenblau	295
Braungelb	255	Hellblau	315
Rotbraun	265	Grau	330
Purpurrot	275		

G. Das Schleifen von Schnittwerkzeugen.

Das Schleifen ist der letzte Arbeitsvorgang am fertigen Werkzeug. Wird dieses unsachgemäß durchgeführt, so sind sämtliche bisher aufgewendeten Kosten umsonst gewesen. Man muß deshalb bei Anwendung von hohen Arbeitsgeschwindigkeiten, wie sie beim Schleifen auf modernen Maschinen üblich sind, sehr vorsichtig verfahren, da die Werkstücke, insbesondere bei großen Vorschüben, an ihrer Oberfläche leicht verbrennen. Dieses Verbrennen, eine örtliche Erhitzung des geschliffenen Stahles, kann auch durch ungeeignete Schleifscheiben herbeigeführt werden. Bei harten Werkzeugstählen sowie hochlegierten Sonderstählen, die naturgemäß sehr empfindlich sind, äußert sich das Verbrennen des Werkstückes in Form der gefürchteten Schleifrisse[1]).

Zur Herstellung eines guten Schnittwerkzeuges sind folgende Angaben[2]) wichtig:

A. Schnittplatten, plan geschliffen, aus gehärtetem und legiertem Stahl.

1. Umfangsgeschwindigkeit der Schleifscheibe: 10 bis 25 m/sec[3]).
2. Werkstückvorschub: 6 bis 8 m/min.
3. Spanstärke: 0,01 bis 0,02 mm.
4. Topfscheibendurchmesser nicht über 300 mm. Bei größeren Scheiben werden Segmente eingesetzt.
5. Die Scheibenqualität ist künstlicher Korund, Korn 24/36, Härte K-L.

---

[1]) Schleifrisse auf der Oberfläche eines gehärteten Schnelldrehstahles sind in der Abb. 132 auf S. 158 des Buches: Brearley-Schäfer: Die Werkzeugstähle und ihre Wärmebehandlung (Berlin 1922) angegeben.

[2]) Vorliegende Werte sind dem Verfasser von Herrn Oberingenieur Rieger-Dresden auf Grund besonderer Versuche zur Verfügung gestellt worden.

[3]) Die dauernde Änderung der Werkstoffe und insbesondere die noch nicht abgeschlossene Entwicklung der Schleifscheibentechnik gestattet gegenwärtig keine allgemeingültige Angabe der Umfangsgeschwindigkeit. Daher wird empfohlen, sich nach den Angaben der Hersteller von Schleifscheiben zu richten.

B. Flächenschliff mit horizontal liegender Welle und normaler Schleifscheibe.

1. Umfangsgeschwindigkeit der Scheibe: 10 bis 25 m/sec[1]).
2. Werkstückvorschub: 15 bis 18 m/min.
3. Breite des Spanes: 5 bis 20 mm.
4. Spanstärke: 0,1 bis 0,2 mm.
5. Durchmesser der Scheibe bis 400 mm.
6. Die Scheibenqualität ist künstlicher Korund 36/46, Härte J-L.

C. Rundschleifen auf Rundschleifmaschine.

1. Umfangsgeschwindigkeit der Schleifscheibe: 10 bis 25 m/sec[1]).
2. Umfangsgeschwindigkeit des Werkstückes beim Schruppen: 12 bis 15 m/min.
3. Umfangsgeschwindigkeit des Werkstückes beim Schlichten: 6 bis 8 m/min.
4. Längsvorschub des Werkstückes beim Schruppen: $^2/_3$ der Scheibenbreite.
5. Längsvorschub des Werkstückes beim Schlichten: $^1/_3$ der Scheibenbreite.
6. Spantiefe bei weichem Stahl: 0,1 bis 0,15 mm; Spantiefe bei hartem Stahl: 0,01 bis 0,03 mm.
7. Scheibenqualität für weichen, legierten und unlegierten Stahl, künstlicher Korund, für ungehärteten evtl. Siliziumkarbid, Korn 36 bis 8C, Härte M-N.

D. Einstichschliff auf der Rundschleifmaschine.

1. Umfangsgeschwindigkeit der Schleifscheibe 10 bis 25 m/sec[1]).
2. Umfangsgeschwindigkeit des Werkstückes: 6 bis 9 m/min.
3. Oszillation: 5 bis 20 mm.
4. Abschliff pro Werkstückumdrehung: 0,01 bis 0,015 mm.
5. Scheibenqualität siehe unter C 7!

Das beste Kühlmittel für alle Schleifzwecke ist Kaliumchromat, aufgelöst in Wasser 1:2000 oder Sodalösung mit Bohröl. Das erste hat den Vorteil, daß es die Scheibe beim Schleifen offen hält, die Maschine nicht verschmiert, das Werkstück schnell trocknet und keine Rostflecken hinterläßt; das zweite hat nur den Nachteil, daß es die Scheibe leichter zusetzt und die Maschine etwas mehr verschmutzt. Von anderer Seite wird vor Verwendung von Öl oder seifenhaltiger Mittel ausdrücklich gewarnt. Beim Schleifen komplizierter Werkzeuge, insbesondere bei Blockschnitten, soll man wirtschaftliche Erwägungen hintenanstellen. Eine längere Schleifzeit, bedingt durch geringere Vorschübe und geringere Spantiefe, dürfte geringere Kosten verursachen als ein Werkzeug, das infolge zu starken Angriffs der Schleifscheibe verdorben ist. Diese Schäden stellen sich oft erst nach einiger Zeit heraus und lassen sich meist nachträglich nicht wieder beseitigen.

---

[1]) Siehe Anm. 3 auf S. 118.

H. Prüfung des kalt verarbeitbaren Werkstoffes insbesondere auf seine Verformbarkeit (Blechuntersuchungen).

1. Scherfestigkeit.

Die Prüfung von dünnen Blechen auf Scherfestigkeit geschieht am einfachsten auf einer Materialprüfmaschine, in die man einen Lochschnitt[1]) spannt. Den Stempeldurchmesser wähle man 31,8 mm. Dieses Maß ist insofern vorteilhaft, als die Schnittlänge 10 cm beträgt. Der an der Materialprüfmaschine abzulesende Druck P in kg und die Blechstärke s in mm ergeben dann die Scherbeanspruchung K_s in kg/cm² gemäß Gleichung (3).

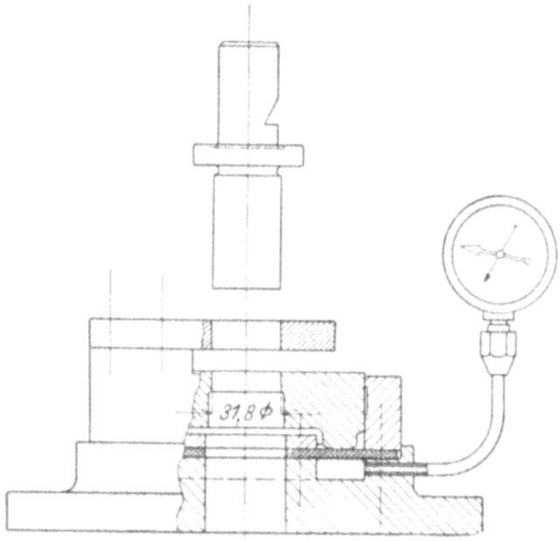

Abb. 37. Scherkraftmesser für Bleche.

Solche Betriebe, die über keine eigene Materialprüfmaschine für diese Zwecke verfügen, können sich ein Prüfgerät selbst herstellen, wie dies in Abb. 37 angegeben ist. Das Werkzeug kann in jeder Presse bequem ein gespannt werden. Der Stempel beträgt auch hier wieder 31,8 mm Durchmesser. Die Stempelführungsplatte ist auf einen Ring aufgesetzt, der gleichzeitig mit der Grundplatte verschraubt ist. Als Zwischenlage wird eine gleichmäßig zähe Gummiplatte von etwa 4 mm vorgesehen. Die Matrize selbst wird in dieses ringförmige Gehäuse des Unterteiles eingesetzt und ist außen zylindrisch geführt. Sie wird beim Stempeldruck die Gummiplatte nach unten ausbauchen. Die zwischen Gummiplatte und Grundplatte vorhandene Glyzerinflüssigkeit wird zusammengepreßt, der Druck ist an einem Manometer ablesbar. Der Zwischenraum muß vollständig entlüftet sein, es empfiehlt sich, in das Manometerrohr über dem Glyzerin einen Tropfen Zylinderöl zuzugeben. Selbstverständlich ist der an dem Manometer abzulesende Druck nicht gleich dem tatsächlichen Stempeldruck. Die jeweilige Zeigerstellung des Manometers müßte vielmehr geeicht werden, was man durch Auflage schwerer Gewichte auf die Matrize ermitteln kann, oder man läßt diese Prüfvorrichtung unter einer Materialprüfmaschine eichen. Die Matrize kann durch eine seitliche Öffnung des Gehäuses herausgenommen werden, ebenso werden von dort die ausgeschnittenen Scheiben entfernt. Für kleinere und mittlere Betriebe leistet ein derartiger mit verhältnismäßig geringen Mitteln herzustellender Apparat gute Dienste.

[1]) Ein derartiges für Materialprüfmaschinen geeignetes Werkzeug gibt Wawrziniok in der Abb. 141 auf S. 147 seines Buches an: Handbuch des Materialprüfungswesens (Berlin 1923).

In der Tabelle II finden sich Durchschnittswerte für die Scherbeanspruchung von verschiedenen Werkstoffen. In der Regel dürfte die Ermittlung der Scherfestigkeit, wenigstens bei schwachen Werkstoffen, nicht von ausschlaggebender Bedeutung für die weitere Verarbeitbarkeit sein. Betriebe, die große Mengen verarbeiten, sollten zur Schonung ihrer Werkzeuge auf Vorschriften betreffs einer höchstzulässigen Scherfestigkeit nicht verzichten.

2. Härte.

Abgesehen davon, daß die Härteprüfung an dünnen Blechen eine verhältnismäßig schwierige Arbeit bedeutet und eine peinliche Sorgfalt erfordert, hat diese Prüfung für die Beurteilung der Verformbarkeit an dünnen Blechen bisher auch nichts gebracht, wenigstens bestätigen dies die bisherigen diesbezüglichen Forschungsarbeiten.

An Hand eines Vergleiches verschiedener Blechprobenahmen, an denen die Prüfung in bezug auf Korngröße, Dickentoleranzen und Rockwellhärte vorgenommen wurde, zeigt Aumann[1]), daß zwischen diesen 3 Prüfungen kein Zusammenhang besteht. Aumann hat umfangreiche Untersuchungen darüber angestellt, ob es richtig ist, statt der Tiefung die Kugeldruckprobe vorzunehmen, und ob man überhaupt aus der Härte Rückschlüsse auf die Tiefziehfähigkeit ziehen darf. Die Versuche zeitigten ein negatives Ergebnis, insbesondere haben sie bewiesen, daß eine objektive Prüfung des Werkstoffes nicht möglich ist und die Anwendung der Kugeldruckprobe bei Feinblechen einmal durch den Einfluß einer nicht einwandfreien Unterlage bei verschiedenen Blechdicken und zum anderen durch das je nach der Abwalzung verschieden große Korn des Gefüges erschwert wird.

3. Zerreißprobe[2]).

Während man sich darüber einig ist, daß die Härtebestimmung für die Beurteilung der Tiefziehfähigkeit eines Werkstoffes nichts oder nur wenig bietet, bestehen über die Bedeutung des Zerreißversuches für den vorliegenden Zweck widersprechende Urteile. Für die Brauchbarkeit dieser Prüfung sprechen Draeger, Ackermann, die Niederschriften der Werkstoffgruppe 4 des VDMA, über die Brauchbarkeit der Zerreißprobe äußern sich u. a. ungünstig Schmidt (-Kapfenberg).

Die Schwierigkeiten in der praktischen Durchführung liegen bei dünnen Blechen in der Herstellung der Probekörper, die bekanntlich nicht gestanzt werden dürfen, um feinste Einrisse und Gratbildung auszuschließen, welche durch den Abschervorgang erzeugt werden können. Bei einer Probenahme darf man sich nicht auf 2 bis 5 Stäbe beschränken, muß vielmehr bis zu 50 Stück bei größeren Posten anfertigen. Die Herstellungskosten der Proben fallen für einen Betrieb, der sehr häufig Blechprüfungen vornehmen

---

[1]) Siehe den Aufsatz von Willy Aumann über Prüfung und Eigenschaften von Feinblechen für Stanzzwecke im Masch.-Bau 1928 Heft 14.

[2]) G. Sachs veröffentlicht in der Metallwirtsch. vom 7. 3. 1930 auf den Seiten 213 bis 218 eine Beschreibung über ein neues Tiefziehprüfgerät. Der sich konisch erweiternde Blechstreifen wird an seinem schmalen Ende eingespannt in den Blechhalterkopf einer Zerreißmaschine. Die andere Seite des Blechstreifens liegt in einer schmalen Führung, die der konischen Streifenerweiterung entspricht. Bei eintretender Zugwirkung wird dann der Werkstoff nach einwärts gedrückt. Es wird also in Verbindung mit der Zugwirkung der Stauchvorgang des Blechflansches unter dem Niederhalter besonders berücksichtigt.

muß, dann immerhin ins Gewicht. Es ist dort deshalb zu empfehlen, die Probestäbe auf einer Sondervorrichtung in Paketen zu spannen und mittels Satzfräser zu fräsen.

4. Keilzugversuch.

Der Zerreißstab dieses von Sachs entwickelten Verfahrens[1]) weicht von der üblichen Form insofern ab, als er an der oberen Einspannseite sich keilartig erweitert. Dieser Teil des Probestabes wird lose in eine entsprechend keilartig ausgearbeitete Vorrichtung[2]), die sog. Ziehdüse, eingehängt, während das untere Stabende in bekannter Weise in Klemmbacken festgehalten wird. Beim Zugversuch wird der obere Teil des Probestabes in der Ziehdüse quer zur Zugrichtung gestaucht und parallel zu ihr gedehnt. Die Tiefziehgüte des Werkstoffes wird durch das Verhältnis der oberen größten zur unteren kleinsten Keilbreite bestimmt. Die Probestäbe werden so lange an ihrem oberen Ende durch Abschneiden schmaler Streifen gekürzt, bis es gelingt, die Keilstäbe ohne Rißbildung durch die Ziehdüse hindurchzuziehen. Zur Bestimmung eines Gütewertes sind daher ebenso wie bei dem später unter Abschnitt 7 bis 8 dieses Kapitels beschriebenen AEG-Verfahren mehrere Versuchskörper erforderlich. Kayseler[3]) schlägt für den Keilzugversuch erheblich größere Stababmessungen vor, um somit eine größere Keilfläche zu gewinnen. Nach der Verformung des oberen Stabendes in der Ziehdüse werden dort Erichsen-Prüfungen gemäß des späteren Abschnittes 6 dieses Kapitels vorgenommen. Kayseler geht in Übereinstimmung mit Eisenkolb[4]) davon aus, daß zur Beurteilung der Tiefziehgüte eines Werkstoffes für Mehrfachzüge das Güteverhältnis von Ursprungsblech zum verformten Blech maßgebend ist. Mit anderen Worten: Je stärker bei bestimmten Formänderungen die Tiefung gegen die Ursprungstiefung des nichtverformten Bleches abgesunken ist, um so eher wird sich der betreffende Werkstoff bei Mehrfachzügen verfestigen und daher versagen. Diese Überlegungen stützen sich darauf, daß der bereits durch den Ziehvorgang verformte Werkstoff der Zarge die Hauptbeanspruchung für den nächsten Zug auszuhalten hat. Das trifft für zylindrische Züge mit Ausnahme gewisser Fertigschlagzüge nicht zu. Vielmehr tritt die größte Blechschwächung und Dehnung am Bodenrand auf. Dort reißen sowohl im Anschlag wie im Weiterschlag die Ziehkörper. Da mit jedem Weiterschlag der Durchmesser des Bodenrandes abnimmt, kommt für die Höchstbeanspruchung beim kommenden Weiterschlag nicht die Zarge, sondern der Boden in Betracht. Derselbe ist jedoch bisher einer Stauchbeanspruchung nicht unterworfen worden. Hiernach kann von dem Werkstoff der Zarge eines Ziehkörpers bzw. des verformten Keilstabendes nicht ausgegangen werden. Die Bildung von Längsrissen in der Zarge, wie diese von Eisenkolb beschrieben werden, konnte der Verfasser nur bei Mehrfachzügen rechteckiger Formen an den Ecken beobachten. Bei runden Formen zeigen sie sich nur bei falscher Wahl des Ziehspaltes

[1]) Sachs: Ein neues Prüfgerät für Tiefziehbleche. Metallwirtsch. 1930 Heft 10 S. 213—218. Siehe auch Z. VDI 1935 Heft 44 S. 1346.

[2]) Siehe auch die Patentschrift zu DRP. 611658.

[3]) Kayseler: Über die Eigenschaften von verschieden behandeltem Bandstahl mit besonderer Berücksichtigung der Tiefzieheignung und deren Prüfung. Mitt. Forsch.-Inst. Verein. Stahlwerke, Dortmund 1934 Bd. 4 Lieferung 2 S. 39ff. Ein ganz kurzer Auszug ist in der Z. VDI Bd. 79 Heft 44 vom 2. XI. 35 auf S. 1346 angegeben.

[4]) Eisenkolb: Untersuchungen über die Prüfung der Tiefziehfähigkeit von Siemens-Martin-Feinblechen. Stahl u. Eisen Bd. 52 (1932) S. 357.

und verschwinden nach Berichtigung der Werkzeugabmessungen. Bei den rechteckigen Werkzeugen, über welche zur Zeit noch keine abgeschlossene Forschungsarbeit vorliegt, mag die Bildung von Längsrissen, welche parallel zur Zargenkante verlaufen und in der Zugrichtung liegen, tatsächlich auf die übermäßige Stauchwirkung zurückgeführt werden. Die von Kayseler vorgeschlagene Versuchsfolge würde selbst bei Unterstellung dieser Annahme nicht den Verhältnissen der Praxis entsprechen. Denn bei der Erichsenprüfung wird der Werkstoff einer Stauchbeanspruchung überhaupt nicht unterworfen. Wenn schon vom Keilzugversuch ausgegangen werden soll, so würde zweckmäßigerweise aus dem verformten Keilstab ein neuer kleinerer Keilstab auszuschneiden und in einer engeren Ziehdüse erneut zu prüfen sein.

5. Biegeversuch.

Eine Beschreibung über die Durchführung des Biegeversuches findet sich im DIN Blatt 1605. Bei diesem Versuch wird ein in der Walzrichtung entnommener Blechstreifen von 30 mm Breite bei 20° C zwischen Klemmbacken mit einem Rundungshalbmesser von 5 mm um 90° hin und her gebogen. Die Anzahl der Biegungen des Blechstreifens bis zum Eintritt des Bruches bildet das Kriterium für die Güte des Werkstoffes. Die folgende Tabelle XXIV gibt derartige Biegezahlen für gebeiztes und kastengeglühtes Stanzblech an[1]).

Tabelle XXIV. Biegezahlen für gebeiztes, kastengeglühtes Stanzblech.

Blechstärke mm	Biegeradius mm	Biegungszahl mit der Faser	Biegungszahl quer zur Faser
0,35	2	40 —50	18 —22
0,50	2	23 —28	11 —13
0,75	2	13 —15	7 — 9
0,50	5	40 —52	26 —28
0,75	5	29 —30	15 —16
1,00	5	19 —20	10 —11
1,25	5	15 —16	8,5—9,5
1,50	5	10,5—12	5,5—6,5
2,20	5	8 — 8,5	5

Eine Abart des Biegeversuches ist der sog. Faltversuch. Der Unterschied zwischen diesem und jenem besteht hauptsächlich darin, daß nicht um 90°, sondern um 180° hin und her gebogen wird und der Biegeradius wesentlich kleiner ist als dort. Nach den Vorschriften soll derselbe nur halb so groß wie die jeweilige Blechstärke sein, dieser Wert ist bei dünnen Blechen also praktisch gleich Null und entspricht einem vollständigen Umfalzen.

Eine weitere Biegeprobe ist schließlich die sog. Doppelfaltprobe, oft unter Taschentuchprobe bezeichnet. Sie ist nichts anderes als ein verwickelter Biegeversuch.

Eingehende Untersuchungen des Verfassers haben erwiesen, daß der Faltprobe und Doppelfaltprobe keinerlei Bedeutung beizumessen ist, da

[1]) Diese in obiger Tabelle XXIV angegebenen Werte sind einem Aufsatz von Schuchardt entnommen: Neue Probiermaschinen für Feinbleche und Draht (Dtsch. Metallind.-Z. 1906 Heft 4).

diese Werte falsche Ergebnisse zeitigen. Auch die Ergebnisse der Biegeprobe sind nicht überzeugend und liegen in ihrer Brauchbarkeit bestimmt unter denen der Zerreißversuche und der im nächsten Abschnitt beschriebenen Tiefungsverfahren.

6. Einbeul- oder Tiefungsverfahren nach Erichsen.

Von den Einbeul- oder Tiefungsverfahren ist die Erichsen-Prüfung die weitaus bekannteste und auch von sämtlichen Tiefziehprüfverfahren[1]) das verbreitetste. Der Erichsen-Methode sind die hier nicht beschriebenen Apparate von Guillery, Olsen, Mohr und Federhaff, Amsler und Avery in der Wirkung ähnlich[2]).

Die Prüfungseinrichtung nach Erichsen[3]) besteht aus einem Gestell, das eine Matrizenöffnung trägt, hinter der ein Spiegel das Aufreißen des Materials erkennen läßt. Der Werkstoff wird vor die Matrize eingelegt in Form eines Streifens oder eines etwa 90 mm quadratisch zugeschnittenen Blechstückes. Mittels eines kleineren Handrades wird die Blechhalterspindel vorgeschoben und das Blech hierdurch fest eingepannt. Es gibt nun 2 Bauarten von Erichsen-Apparaten. Bei der einen begnügt man sich mit einer einfachen Festhaltung des Prüfstückes, bei der anderen schneidet der Blechhalter aus dem Prüfstück eine kreisrunde Platine aus. In der Blechhalterspindel ist die Stempelspindel geführt, die unter Drehung des größeren Handrades den Stempel nach vorwärts drückt und die Tiefung erzeugt. Infolgedessen wird der Werkstoff druckartig beansprucht und schließlich reißen. Der Eintritt des Risses kann im Spiegel beobachtet werden. Die Höhe der Einbeulung, das sog. Tiefungsmaß, bildet das Kriterium für die Güte des Werkstoffes. An den Handrädern beider Spindeln befinden sich Skalen, die die Blechstärke der Einspannprobe und ihre Zerreißtiefungen bequem abzulesen gestatten. Bei den neuzeitlichen Erichsen-Apparaten ist nur ein Handrad vorgesehen. Die Verbindung desselben mit den beiden Spindeln geschieht über eine Kupplung.

Der Erichsen-Apparat ist von Kummer[4]) eingehend untersucht worden. Kummer stellte fest, daß die Tiefung bei starkem Anzugsgrad des Blechhalters um etwa 15 % geringer ausfällt als bei schwachem. Fester Anzug der Spindel gibt zuverlässigere Werte. Der Einfluß der Geschwindigkeit beim Tiefungsvorgang ist unbedeutend. Bei geschmiertem Stempel fällt nach Kummers Untersuchungen die Tiefung um etwa 5 % größer aus als ohne Einfettung. Versuche des Verfassers beweisen, daß der Einfluß des Schmiermittels von der Oberflächenbeschaffenheit des Bleches außerdem

---

[1]) Sachs, G.: Untersuchungen über das Tiefziehen (Mitt. dtsch. Mat.-Prüf.-Anst., Berlin 1931).

[2]) Guillery: Siehe Werkst.-Techn. 1928 Heft 2 S. 40 und DRP.-Schrift zu DRP. 469058/42k. — Olsen: Siehe Werkstoff-Handbuch, Blatt E 3 K—2. Blast Furnace 1927 Heft 11 S. 528—531 oder Forging, Stamping, Heat treating 1927 Heft 11 S. 435—438. — Avery: Siehe Engineering 18. X. 1929 S. 497.

[3]) Nähere Beschreibungen über die Konstruktion des Erichsen-Apparates finden sich u. a. in: Werkst.-Techn. 1916 Heft 9. — Stahl u. Eisen 1914 Heft 21 S. 879. — Ill. Z. Blechind. 1922 Heft 48. — Puppe-Stauber: Handbuch des Eisenhüttenwesens 1929 S. 520. — Schulze-Vollhardt: Werkstoffprüfung für Maschinen- und Eisenbau (Berlin 1923) S. 117. — Sellin: Ziehtechnik (Werkstattbuch Heft 25 Berlin 1926) S. 33. — Deutsche Patentschrift 260180/42k.

[4]) Kummer: Untersuchungen am Blechprüfapparat von Erichsen. Masch.-Bau 1926 S. 657.

abhängig ist. Bei glatten Messingblechen ist der Einfluß der Schmierung nur von untergeordneter Bedeutung im Gegensatz zu Werkstoff von rauher

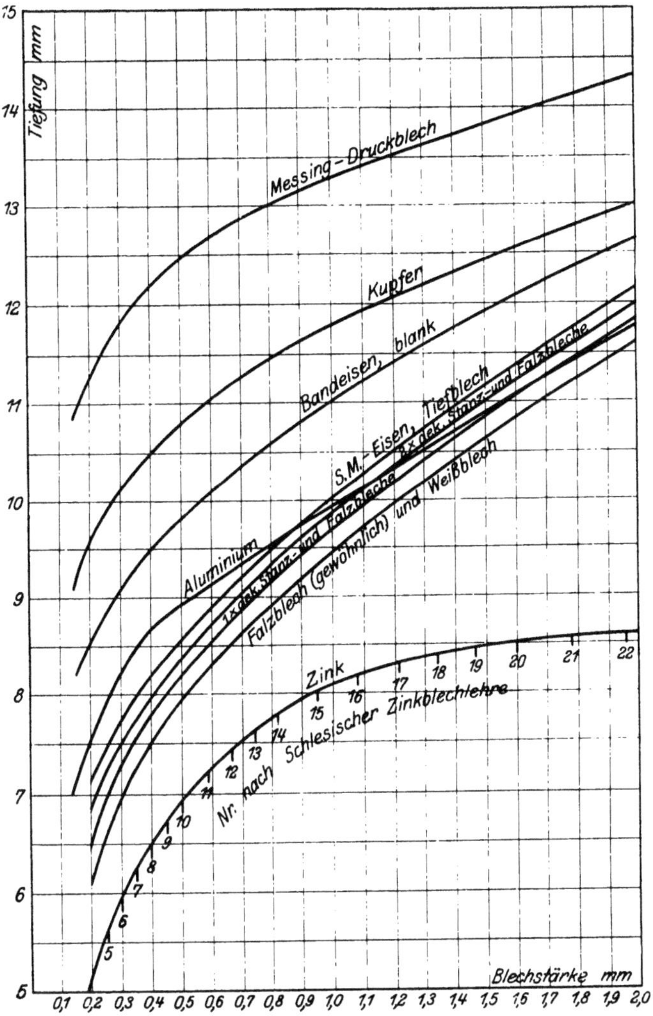

Abb. 38. Tiefungsgrenzwerte nach Erichsen.

Oberfläche. Weiterhin stellte der Verfasser fest, daß ein Zuschnitt von 90 mm Durchmesser für Aluminiumbleche zwar genügt, dagegen für Eisen-

und Messingbleche als etwas zu gering erscheint. Dort empfiehlt sich ein Durchmesser der Probe von mindestens 120 mm. Blechstärken von über 1,5 mm setzen erhebliche, am Handrad der Stempelspindel aufzuwendende Kräfte voraus. Es ist deshalb leicht möglich, daß man dann nach dem Reißen an der Einbeulung infolge der plötzlichen Entspannung über den richtigen Teilstrich der Skala hinwegdreht und nachträglich den Ablesungswert nur schätzen kann.

Die Meinungen über den Wert des Erichsen-Verfahrens sind geteilte. Aumann sprechen für, Koppel, Fischer, Schmidt-Kapfenberg und Döhmer gegen die Brauchbarkeit des Verfahrens.

In der Abb. 38 sind die Tiefungsgrenzwerte nach Erichsen dargestellt. Sind die Tiefungen geringer, d. h. reißt das Blech, bevor die nach diesem Diagramm bestimmten Blechtiefungen erreicht werden, so bedeutet dies eine geringere Ziehfähigkeit des Werkstoffes, als wie sie eigentlich zulässig ist. Man wird einen solchen Werkstoff für Werkstücke geringer Zugbeanspruchung wohl verwenden können, hingegen nicht für Tiefzüge.

In der folgenden Tabelle XXV sind in entsprechender Weise die Erichsen-Tiefungen für Bandeisen nach Walzhärten angegeben. Hiernach ergeben sich folgende Werte:

Tabelle XXV. Erichsen-Tiefungen in mm für Bandeisen nach Walzhärten.

Stärke mm	Weich	1/8 hart	1/4 hart	1/2 hart	3/4 hart	1/1 hart
0,15	8,2	7,2	6,3	5,5	4,8	3,6
0,2	8,5	7,5	6,6	5,8	5,1	4,0
0,3	9,0	8,0	7,2	6,3	5,6	4,4
0,4	9,5	8,4	7,6	6,8	6,1	4,9
0,5	9,8	8,8	7,9	7,1	6,4	5,2
0,6	10,1	9,1	8,2	7,4	6,7	5,5
0,7	10,3	9,3	8,4	7,6	6,9	5,7
0,8	10,6	9,6	8,6	7,9	7,2	6,0
0,9	10,8	9,8	8,9	8,1	7,4	6,2
1,0	11,0	10,0	9,1	8,3	7,6	6,4
1,1	11,2	10,2	9,3	8,5	7,8	6,6
1,2	11,4	10,4	9,5	8,7	8,0	6,8
1,3	11,6	10,6	9,7	8,9	8,2	7,0
1,4	11,8	10,8	9,8	9,0	8,3	7,1
1,5	11,9	10,9	10,0	9,2	8,5	7,3
1,6	12,1	11,1	10,2	9,4	8,7	7,5
1,7	12,2	11,2	10,3	9,5	8,8	7,6
1,8	12,4	11,4	10,5	9,7	8,9	7,8
1,9	12,5	11,5	10,6	9,8	9,1	7,9
2,0	12,6	11,6	10,7	9,9	9,2	8,0

Die Einbeulungsform ist die eines Kegels, der nach der Spitze zu in eine Kugelkappe verläuft. Die Begrenzungslinie zwischen dem Kegelmantel und der Kugelkappe unterliegt theoretisch der größten Beanspruchung. Deshalb weist der Werkstoff an dieser Stelle die geringste Dicke auf. Dort wird das Material auseinandergezogen und zeigt ein körniges Gefüge, das man in die Grade „sehr fein, fein, mittelfein, grob und sehr grob" unterscheidet. Je feiner das Gefüge ist, um so geeigneter ist es für Ziehzwecke.

Es empfiehlt sich deshalb, die Prüfkörper aufzubewahren und sowohl die Güte der Tiefziehfähigkeit als auch das Maß der Tiefung zu notieren. Man kann dann von vornherein sich hiernach Maßstäbe verschaffen für die Güte und Eignung entsprechender Bleche.

Nicht allein das Tiefungsmaß und der Grad der Körnung sind beim Erichsen-Verfahren zu beachten, sondern auch die Form des Risses selbst. Die Rißbildung nach beendigter Tiefung gestattet Rückschlüsse auf den Zustand des Werkstoffes, und zwar ist die Lage des Risses zur Walzrichtung maßgebend. Allgemein kann man beobachten, daß bei stark abgewalzten Blechen der Riß immer in der Walzrichtung liegt. Solche Bleche dürfen nicht in der Walzrichtung scharf gebogen werden. Je kreisförmiger der Tiefungsriß in einem Prüfungsstreifen auftritt, um so besser ist der Werkstoff durchgearbeitet und um so mehr tritt der Einfluß der Walzrichtung bei der Verarbeitung zurück.

7. AEG-Verfahren.

Die als AEG-Verfahren[1]) bezeichnete Tiefziehprüfung weicht von den bisher beschriebenen Methoden insofern grundsätzlich ab, als sie selbst genau dem Ziehvorgang entspricht. Sie beruht darauf, daß mittels eines genormten Werkzeuges einfache runde Ziehkörper auf einer Ziehpresse hergestellt werden. Veränderlich ist hierbei nur der Zuschnittsdurchmesser.

Das Verhältnis des größtmöglichsten Zuschnittsdurchmessers, bei dem ein Reißen des Bleches noch nicht eintritt, zu dem Ziehdurchmesser wird mit zunehmender Güte des Werkstoffes anwachsen bzw. bei geringwertigen Werkstoff abnehmen. Diese Verhältniszahl wird mit β bezeichnet.

8. Verfahren nach Schmidt(-Kapfenberg).

Schmidt-Kapfenberg[2]) hat festgestellt, daß die Ziehkraft zu dem Logarithmus der Bodenfläche, also der Platinenfläche, in geradliniger Abhängigkeit steht. Da die Ermittlungen des höchstzulässigen β-Wertes sonst nur durch ein langwieriges Ausprobieren mit verschieden großen Platinen geschehen kann, ist es nach Schmidt(-Kapfenberg) möglich, mit nur 3 Zuschnittsarten auszukommen. Der eine Zuschnitt ist nicht viel größer als der Stempeldurchmesser. Der zweite ist etwas größer, liegt jedoch in dem Bereich, bei dem noch keinesfalls ein Zerreißen erwartet werden kann. Geschieht nun das Ziehen auf einer Materialprüfmaschine oder auf der Ziehpresse mittels einer über dem Stempel bzw. unter der Zugmatrize befindlichen Meßdose, so erhält man die den beiden Platinendurchmessern entsprechenden Ziehkräfte, welche eine Gerade darstellen. Nun wird nochmals mit dem gleichen Werkzeug eine noch größere Platine gezogen, welche bestimmt reißen wird. Der hierbei auftretenden maximalen Zugkraft entspricht dann auf der Kurve, also auf der Geraden, der gesuchte Maximaldurchmesser, der für die Berechnung des β-Wertes wichtig ist.

Wenn man jedoch die Angaben von Schmidt(-Kapfenberg) prüft, so findet man, daß diese geradlinige Beziehung nicht allein für den Logarith-

---

[1]) Siehe AEG-Mitt. 1929 Heft 7 S. 483ff.

[2]) Siehe Abb. 4 des Aufsatzes von Schmidt-Kapfenberg über die Prüfung von Tiefziehblech. Arch. Eisenhüttenwes. 1929 Heft 3 S. 213.

mus der Bleche, sondern annähernd auch für den Durchmesser direkt gilt. Sind also die Werte der beiden kleineren Zuschnittsdurchmesser D_a und D_b mit den zugehörigen Stempeldrücken P_a und P_b bekannt, so ist bei dieser geradlinigen Abhängigkeit durch den Wert von P_c auch der größtmögliche Durchmesser D_c ermittelt, und zwar graphisch oder nach Berechnung:

$$D_c = D_a + (D_b - D_a) \frac{(P_c - P_a)}{(P_b - P_a)}. \tag{31}$$

Ausführliche Untersuchungen haben gezeigt, daß das Verfahren nach Schmidt (-Kapfenberg) nur für Messing und Aluminium gute Werte liefert. Bei Weißblech und Eisenblech hingegen zeigen die Ziehkräfte in Abhängigkeit von dem Logarithmus der Bodenfläche keinen geradlinigen Verlauf. Trotzdem erscheint die graphische Ermittlung im Wege der Extrapolation auch in diesem Falle als geeignet. Allerdings dürfte man dann nicht mit 3 Zuschnitten allein auskommen, sondern benötigt hierzu etwa 5.

9. Prüfapparat Wazau.

Der Tiefziehprüfer Bauart Wazau[1]) besteht aus einem Sockel, der die Matrize trägt. Der Druck am Niederhalter kann mittels einer Meßdose und Manometer bestimmt werden. Die Bewegung des Stempels nach unten geschieht durch eine mittels Motor angetriebene Schneckenwelle über Schneckenräder von Schraubenspindeln. Die Geschwindigkeit dürfte etwa der tatsächlich im Betrieb angewendeten entsprechen. Letzteres ist der Hauptvorteil dieses Apparates gegenüber anderen bekannten Konstruktionen. Der Stempeldruck wird mittels eines elastischen Kraftmessers gemessen. Wazau schlägt eine Prüfung von Blechen in drei verschiedenen Richtungen vor:

a) Gleichbleibender Durchmesser der Zuschnitte und gleichbleibender Niederhalterdruck. Man beachte dabei den Tiefziehdruck.

b) Veränderlicher Durchmesser der Blechscheibe und gleichbleibender Niederhalterdruck. Man beobachte den Tiefziehdruck in Funktion des Durchmessers der Scheibe. Man gelangt auf diese Weise zu der oberen Grenze des Durchmessers[2]), bei dem der Bruch eintritt, kann somit das Verhältnis β leicht ermitteln.

c) Gleichbleibender Durchmesser der Blechscheibe und wachsender Niederhalterdruck. Man beobachte den Tiefziehdruck und den höchsten Niederhalterdruck, bei dem der Blechkörper aufreißt.

10. Aufweitungsverfahren.

Für die von Siebel und Pomp vorgeschlagene Aufweitungsprüfung müssen die Prüfkörper besonders vorbereitet werden, indem man sie mit einer genau ausgeführten und sauber aufgeriebenen Bohrung versieht. Diese Werkstoffproben werden dann auf eine Platte der Prüfungsvorrichtung derart aufgelegt, daß ihre Bohrung in dem genau passenden Zentrierstift eines in seiner unteren Stellung befindlichen Stempels aufgenommen wird. Nach Einspannen der Proben zwischen 2 Spannplatten wird der

---

[1]) Siehe hierzu den Aufsatz von Döhmer: Der Tiefziehprüfer der Bauart Wazau. Masch.-Bau 1929 Heft 22 S. 773.

[2]) In Übereinstimmung mit dem AEG-Verfahren vgl. AEG-Mitt. 1927 Heft 10 S. 419, 1929 Heft 7 S. 483.

Stempel nach oben bewegt, wobei einmal in der Probe eine Tiefung entsteht und ferner die Bohrung der Probe eine Vergrößerung im Durchmesser, die sog. Aufweitung, erfährt. Bei dieser Beanspruchung werden an der Aufweitung radial verlaufende Risse sichtbar, wie dies die Abb. 39, 40 und 41 für verschiedene Werkstoffe zeigen. In diesem Augenblick gilt die Prüfung als beendet. Der sich bei Eintreten der Rißbildung ergebende Durchmesser der Aufweitung ist als Kriterium für die Tiefziehgüte zu werten.

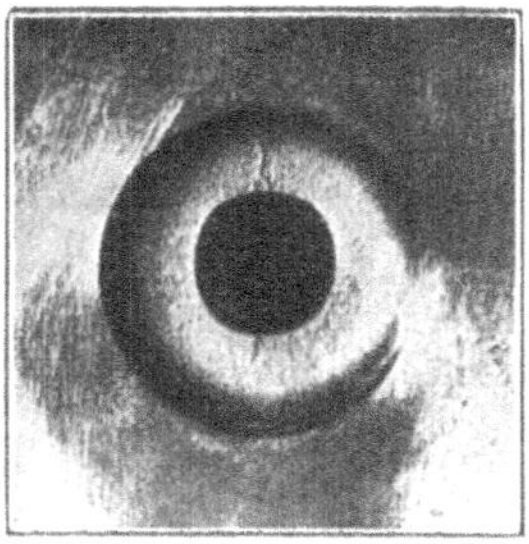

Abb. 39. Stanzblech, Aufweitung 55%.

Während des Aufweitens wird der Werkstoff gleichzeitig getieft. Die Tiefungsmaße entsprechen jedoch im Verhältnis nicht genau der Aufweitung.

Die Aufweitung vollzieht sich auch bei kreisrunden Zuschnitten nicht gleichmäßig, sie bildet keinen mathematisch runden Kreis, wirkt sich vielmehr als unregelmäßig geschlossener Linienzug aus, mit einem kleinsten Durchmesser d_{min} und einem größten d_{max}. Die Differenz beider Größen wird mit δ bezeichnet.

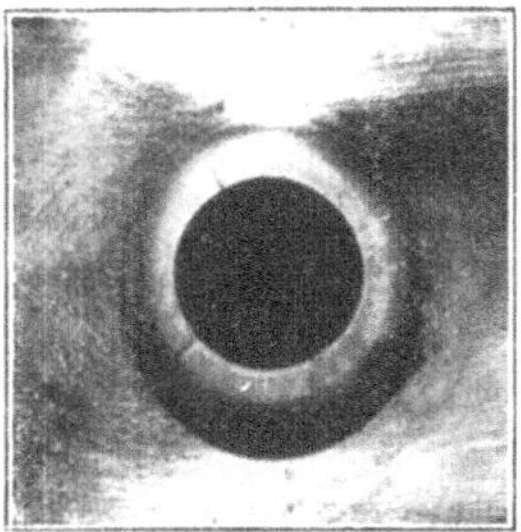

Abb. 40. Tiefziehbandeisen, Aufweitung 108%.

Versuche beweisen, daß bei rundem Zuschnittsdurchmesser die Abweichung δ zur Werkstoffgüte im umgekehrten Verhältnis steht. Wenn man nun das Maß der Durchmesserdifferenz δ mit dem Durchmesser der Aufweitung dividiert, so bestimmt dieser Quotient das Ergebnis für die Tiefziehfähigkeit eines Werkstoffes doppelt. Es ergibt sich somit hieraus für die Beurteilung des Werkstoffes eine neue Rechnungsgröße, deren Wert sich leicht ermitteln läßt und die als Ungleichförmigkeitsgrad bezeichnet werden kann. Je größer dieser Wert, um so ungeeigneter ist der vorliegende Werkstoff zum Ziehen.

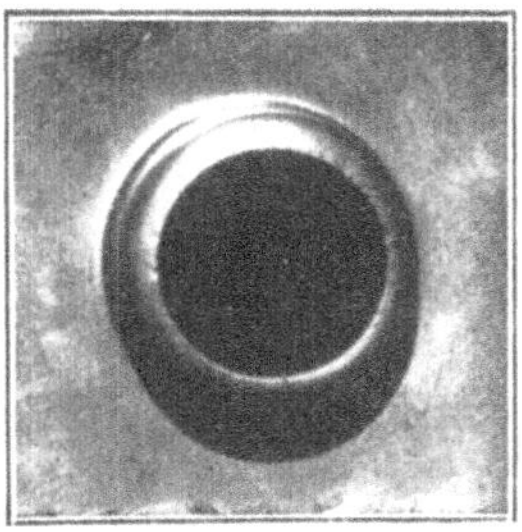

Abb. 41. V2A-Stahl, Aufweitung 151%.

Siebel und Pomp haben den Einfluß der Größe der Bohrung auf die Ziehkraft untersucht und gefunden, daß der richtige Vorlochdurchmesser etwa 40% des Stempeldurchmessers beträgt. Sie haben ferner festgestellt, daß bei Vorlochungen unter diesem Durchmesser die Napfbildung noch gar nicht vollendet ist. Hingegen ergibt sich bei Vorlöchern von über 60% des Stempeldurchmessers teilweise ein Anziehen der Napfform, ohne daß es zur Rißbildung kommt. Unabhängig vom Vorlochdurchmesser zeigen die Untersuchungen[1]) gleichbleibende

[1]) Siehe S. 288 der Mitt. Kais.-Wilh.-Inst. Eisenforschg., Düsseld. 1929, Abhandl. 136.

Höchstlast, dagegen mit Zunahme des Vorlochdurchmessers eine Verminderung der Zerreißlast. In Übereinstimmung mit dem Zerreißversuch müssen auch hier Höchstlast und Zerreißlast voneinander unterschieden werden.

11. Oberflächenprüfung.

In den vorhergehenden Ausführungen sind die Blechprüfungsmethoden beschrieben, welche den Werkstoff Beanspruchungen durch Kräfte unterziehen, die zum Bruch des Gefüges an den hoch beanspruchten Stellen des Versuchskörpers führen. Daß hieran Reibungserscheinungen in starkem Maße beteiligt sind, wurde wiederholt hervorgehoben. Der Einfluß der Reibung ist unter Abschnitt D2 bei der Behandlung des Niederhalterdruckes besprochen worden. Der Reibungsfaktor wiederum hängt von der Schmierung einerseits, von der Oberflächenbeschaffenheit des Bleches andererseits ab. Deshalb wird eine glatte Oberfläche bevorzugt und von manchen Bestellern unter Beifügung von Mustern vorgeschrieben.

Man kann durch Einfärben der Oberfläche mittels Farbe und Abwischen derselben Poren und andere Vertiefungen des Bleches leicht sichtbar machen. Zunder- und Oxydschichten hingegen wird man durch leichte Ätzung mit Säure feststellen können. Ferner achte man darauf, daß die Oberfläche von gutem Blech frei von Blasen, Narben, Rissen und unganzen Stellen sein soll, da diese die Verwendungsfähigkeit der Bleche wesentlich herabsetzen.

Rein systematische Versuche über den Einfluß der Oberflächenbeschaffenheit auf das Ziehergebnis sind dem Verfasser nicht bekannt. Dagegen hat es sich bei der Prüfung von Mustertafeln häufig herausgestellt, daß sehr rauhe Bleche im Gegensatz zu besseren Qualitäten manchmal — im Widerspruch zu oben — ein ganz hervorragendes Ergebnis auf der Ziehpresse lieferten.

Über die Feststellung des Rauhigkeitsgrades besteht heute noch kein so allgemein anerkanntes Verfahren, daß dessen Meßwerte sowohl für Besteller als auch für Lieferanten als Norm gelten.

Ein anderes Verfahren[1]) beruht darauf, daß auf ein gerades ebenes, unter 45° geneigtes Blechtäfelchen ein Öltropfen bestimmter Größe aus einer Höhe von 5 cm fällt. Der vom Tropfen in der Zeiteinheit zurückgelegte Weg sowohl in der Walzrichtung wie auch quer dazu, wird gemessen und ein Mittelwert aus diesen Messungen als Glättegrad zur Kennzeichnung des Bleches bestimmt. Vor einer allseitigen Anerkennung dieser Methode müßte jedoch dieselbe durch sehr gründliche, physikalische Untersuchungen bestätigt werden. Ebenso muß die Beschaffenheit des Öles eindeutig bestimmt sein.

12. Chemische Analyse.

Der chemischen Analyse mißt man bei der Beurteilung von Tiefziehblechen heute weniger Bedeutung bei als früher. Dies ist gewiß auf wirtschaftliche Gründe zurückzuführen. Ein Einbeulversuch kann auch von einer ungeschulten Kraft binnen wenigen Minuten vorgenommen werden. Bei der chemischen Analyse hingegen ist dies jedoch nicht ganz so einfach. So erscheint es uns heute ziemlich sonderbar, daß man vor etwa 20 Jahren die chemische Zusammensetzung eines Bleches als einzige Beurteilung für

[1]) Siehe hierüber die Notiz in Stahl u. Eisen 1927 Heft 12 S. 505. Der Bericht enthält Prüfungsergebnisse an verschiedenen Sonderblechen.

dessen Geschmeidigkeit kannte. Seeger gibt in einer Abhandlung hierüber 2 Analysen an, von denen die eine (C = 0,11 %, Mn = 0,41 %, Si = 0,007 %, P = 0,012 %, S = 0,031 %) die Zusammensetzung eines guten Tiefziehbleches, die andere (C = 0,11 %, Mn = 0,055 %, Si = 0,014 %, P = 0,035 %, S = 0,075) die einer geringeren Tiefziehqualität kennzeichnet. Als besonders schädlich bezeichnet er den verhältnismäßig hohen Schwefelgehalt in letzterer Zusammensetzung[1]). Kurrein[2]) empfiehlt für Tiefziehbleche solche, die einen Kohlenstoffgehalt von 0,10 bis 0,12 %, ungefähr 0,35 % Mangan und unter 0,03 % Phosphor und Schwefel, Christoph[3]) solche, die bis zu 0,1 % Kohlenstoff, von 0,35 bis 0,45 % Mangan und weniger als je 0,03 % Phosphor und Schwefel enthalten.

Im allgemeinen zollt man den Schwefelgehalt des Bleches besondere Beachtung und sieht in ihm einen Faktor, der zur Verminderung der Kaltverformbarkeit von Blechen nicht unwesentlich beiträgt. In bezug auf die Gewährleistung einer guten Tiefziehfähigkeit von Eisenblechen hat die Werkstoffgruppe IV des VDMA einen maximalen Phosphor- und Schwefelgehalt von 0,04 % vorgeschlagen.

Inzwischen sind von Walther und Pomp gründliche Versuche mit Blechen verschiedenen Schwefelgehaltes vorgenommen worden, die beweisen, daß der Einfluß des Schwefels praktisch doch weniger zu spüren ist, als allgemein befürchtet wird[4]).

13. Stärkentoleranzen.

Die technischen Lieferbedingungen für schwache Stahlbleche, sog. Feinbleche, bis 3 mm Dicke sind im DIN-Blatt 1623, die Stärkentoleranzen für diese Bleche unter DIN 1541 Blatt 1, für Tiefziehbleche unter DIN 1541 Blatt 2 angegeben. Tabelle XXVI zeigt die Werte für die Dickenabweichung von Tiefziehblechen im Auszug des DIN-Blattes 1541 Blatt 2[5]).

Ausführliche Untersuchungen[6]) haben ergeben, daß Bleche, welche diesen genormten Dickentoleranzen entsprechen, für zylindrische Ziehteile, gleichgültig, ob es sich hier um runde oder eckige handelt, geeignet sind, wenn der Zuschnittsdurchmesser 150 mm nicht wesentlich übersteigt. Für größere Zuschnitte erweisen sich jedenfalls die genormten Dickentoleranzen als unzureichend. Zeichnet man die Stärkentoleranz in Abhängigkeit von der Blechstärke graphisch auf, so ergibt sich eine sprungweise Zunahme der Stärkentoleranz. Das Verhältnis von Toleranz zu Blechstärke ist also sehr unterschiedlich und fällt besonders bei großen Blechstärken auf. Da bei einem stärkeren Blech infolge dessen eigener Elastizität auch eine größere Blechstärkentoleranz mit in Kauf genommen werden kann, wäre eine feinere Abstufung schon aus diesem Grunde ein Vorteil. Eine sorgfältige Behandlung der Toleranzfrage verdienen solche Teile, die einen hohen Niederhalterdruck voraussetzen. Dies kommt also für größere Zuschnitte in Frage oder dort, wo man sich nicht allein auf gerade zylindrische Formen beschränkt, die eine sofortige Verformung des Werkstoffes an der Zieh-

---

[1]) Siehe Z. Werkzeugmasch. u. Werkzeuge 1913 S. 374ff.
[2]) Kurrein: Die Arbeitsverfahren und Werkzeuge der Pressen (Berlin 1927) S. 522.
[3]) Siehe dessen Dissertation über Prüfung von Feinblechen. T. H. München 1929 S. 7.
[4]) Siehe Mitt. Kais.-Wilh.-Inst. Eisenforschg., Düsseld. 1929 S. 31. Ein Auszug hierüber ist in der Z. VDI 1929 Heft 41 S. 1489 erschienen.
[5]) Abdruck geschieht mit Genehmigung des Deutschen Normenausschusses, Berlin NW 7, Dorotheenstr. 47.
[6]) Siehe Werkst.-Techn. 1938 Heft 3. S. 50ff.

Tabelle XXVI. Stärken- und Gewichtstoleranzen von Tiefziehblechen nach DIN 1541 Blatt 2.

Blechdicke (Nennmaß)	Blechlehre Nr.	Feste Maße: Alle Größen bis Übermaßgrößen: Zulässige Dicken-abweichungen	Feste Maße: Alle Größen bis Übermaßgrößen: Zulässige Gewichts-abweichungen %	Feste Maße: Übermaßgrößen: Entweder Breite über	Feste Maße: Übermaßgrößen: oder Länge über	Feste Maße: Übermaßgrößen: Zulässige Dicken-abweichungen	Feste Maße: Übermaßgrößen: Zulässige Gewichts-abweichungen
0,18	32	± 0,02	± 9	530	1000	Nach besonderer Vereinbarung	
0,2	31	± 0,02					
0,22	30	± 0,02					
0,24	29	± 0,02					
0,28	28	± 0,02		750	1500		
0,32	27	± 0,02					
0,38	26	± 0,03	± 8	800	2000		
0,44	25	± 0,03					
0,5	24	± 0,04	± 7	1000	2250		
0,56	23	± 0,04					
0,63	22	± 0,05					
0,75	21	± 0,06		1100	2500		
0,88	20	± 0,06					
1	19	± 0,07	± 6	1250	3000		
1,13	18	± 0,08					
1,25	17	± 0,09					
1,38	16	± 0,10					
1,5	15	± 0,11	± 5				
1,75	14	± 0,12					
2	13	± 0,13		1400	3500		
2,25	12	± 0,14					
2,5	11	± 0,15					
2,75	10	± 0,15					

kante bedingen, sondern bei denen der Verformungsvorgang ein allmählicher ist. Dies tritt beim Ziehen von trichterförmigen und halbkugeligen Körpern auf. Dort verbleibt zwischen dem Teil der Platine, der am Stempel aufliegt und dem zwischen Niederhalter und Matrize gehaltenen Werkstoff ein freier Ring, der von keiner Seite gehalten oder geführt wird und deshalb infolge ungleichmäßiger Beanspruchung und ungleicher Spannungen im Werkstoff die Faltenbildung begünstigt. Diesem kann nur durch einen verstärkten Niederhalterdruck begegnet werden. Derselbe wiederum hält den Werkstoff nur an dessen stärkeren Stellen fest, an den schwächeren wird er hineingezogen. Da sich der ganze Niederhalterdruck nur auf die starken Blechstellen verteilen kann, wird der Riß in Nähe der starken Stellen des Blechrandes erfolgen müssen oder bei zwei gegenüberliegenden starken Stellen senkrecht zur Verbindungslinie derselben. Für solche Formen wird man eine erheblich geringere Toleranz vorschreiben, als sich diese gemäß der Tabelle XXVI ergibt. Diese Ansprüche an den Hersteller sind zwangsläufig mit einer Preiserhöhung verbunden; daher ist es nicht immer wirtschaftlich, zu weitgehende Forderungen zu stellen. Durch Anwendung eines elastischen Luftfutters[1]) wird man auch in dieser Hinsicht geringere Schwierigkeiten bekommen als bei unnachgiebiger Niederhalter- bzw. Tischkonstruktion.

14. Andere Prüfverfahren.

Abgesehen von den kombinierten Prüfverfahren nach Kayseler und Eisenkolb, auf die in den Fußnoten zu Abschnitt H 4 bereits hingewiesen wurde, sind typische Blechprüfverfahren für die Kaltverformung nicht bekannt. Der gegenwärtige Stand der Röntgen-Grobstruktur-Forschung bietet wenig günstige Aussichten für die Prüfung von Ziehblechen[2]). Die magnetischen Verfahren, die nur bei Stahlblechen angewendet werden können, zeigen nur grobe Fehler. Für den Verbraucher eignen sich diese Verfahren infolge der Anlagekosten nicht.

Beachtlicher ist die metallographische Untersuchung, zumal diese für sämtliche Werkstoffe in Frage kommt, soweit sie der Kaltverformung durch Schneiden, Biegen, Prägen und Ziehen unterliegen. Dabei interessieren außer dem Werkstoff im Ursprungszustand auch die verformten Teile, also das Gefüge an der Schnitt- bzw. Biege- bzw. Ziehkante. Die Streckung und das plastische Verhalten der im Gefüge eingelagerten Kristallkörner bildet einen vorzüglichen Maßstab für die Güte des Werkstoffes. Allerdings erfordert die Beurteilung weitgehende Kenntnisse und Übung auf diesem Gebiet. Ferner lassen sich bestimmte Streckungsverhältnisse oder -grenzwerte nicht vorschreiben. Es kann daher weniger gemessen und berechnet werden. Voraussichtlich wird die Forschung gerade auf diesem Sondergebiet in absehbarer Zeit weitere Anregungen bringen, zumal sich die metallographische Literatur[3]) der letzten Jahre eingehend mit den Fragen der Kaltverformung von Blechen auseinandersetzt.

---

[1]) Siehe hierüber die Ausführungen zu Abschnitt D 2.

[2]) Glocker: Materialprüfungen mit Röntgenstrahlen (Berlin 1936 S. 85).

[3]) Siebel: Die Formgebung im bildsamen Zustande (Düsseldorf 1932 S. 14). — F. Wever und W. Schmidt: Beiträge zur Kenntnis der Struktur kaltgewalzter Metalle (Mitt. Kais.-Wilh.-Inst.Eisenforschg., Düsseld. 1927 Heft 9 S. 263). — Eksergian: Das bildsame Verhalten beim Ziehen (Met.-Ind., Lond. 1927 S. 405). — Christoph: Prüfung von Feinblechen (Diss. T. H. München 1929 S. 15).

Alphabetisches Stichwortverzeichnis.

Sachwortverzeichnis.

Geordnet nach den Werkstücken, die sich mit den in den Abschnitten A bis D angegebenen Werkzeugen oder nach den angegebenen Verfahren herstellen lassen, unter besonderer Berücksichtigung der im Text eingefügten Quellennachweise (Fußnoten).

GPSR Compliance

The European Union's (EU) General Product Safety Regulation (GPSR) is a set of rules that requires consumer products to be safe and our obligations to ensure this.

If you have any concerns about our products, you can contact us on ProductSafety@springernature.com

In case Publisher is established outside the EU, the EU authorized representative is:

Springer Nature Customer Service Center GmbH
Europaplatz 3
69115 Heidelberg, Germany

Batch number: 10682534

Printed by Printforce, the Netherlands